ZUM ZEHNJÄHRIGEN BESTEHEN DER GÖTTINGER VEREINIGUNG FÜR ANGEWANDTE PHYSIK UND MATHEMATIK

FESTBERICHT
ENTHALTEND DIE BEI DER FEIER AM 22. FEBRUAR 1908
GEHALTENEN REDEN UND ANSPRACHEN

MIT ZWEI FIGUREN IM TEXT

ALS MANUSKRIPT GEDRUCKT

Springer Fachmedien Wiesbaden GmbH

1908

ISBN 978-3-663-15172-2   ISBN 978-3-663-15735-9 (eBook)
DOI 10.1007/978-3-663-15735-9

Softcover reprint of the hardcover 1st edition 1908

Vorbemerkung.

Die Göttinger Vereinigung zur Förderung der angewandten Physik und Mathematik ist am 26. Februar 1898 gegründet worden; da es zweckmäßig schien, die Feier des zehnjährigen Gedenktages auf einen Sonnabend zu verlegen, hat die Festversammlung, auf die sich die nachstehende Berichterstattung bezieht, am 22. Februar 1908 stattgefunden.

Nach Begrüßung der auswärtigen Gäste am Abend des 21. folgte am 22. früh 9 Uhr zunächst eine Geschäftssitzung, über deren Verlauf die Mitglieder der Vereinigung in üblicher Weise durch ein ausführliches Protokoll in Kenntnis gesetzt sind. Um 11 Uhr begann sodann in der Aula der Universität die eigentliche Festsitzung, zu der außer den Mitgliedern der Vereinigung selbst und den Studierenden der Mathematik und Physik die Dozenten der Universität und Vertreter derjenigen hohen Behörden eingeladen waren, mit denen die Vereinigung an Ort und Stelle in unmittelbarer Geschäftsbeziehung steht. Hieran schloß sich um 4 Uhr ein Experimentalvortrag von Hrn. Riecke im großen Hörsaal des neuen physikalischen Instituts. Nach einem kurzen gemeinsamen Imbiß fand die Feier zuletzt in einem von den Studierenden unternommenen in sinngemäßer Weise ausgestalteten Kommers zu später Stunde ihren stimmungsvollen Abschluß.

Die bei der Festsitzung gehaltenen Ansprachen und Reden und der Vortrag von Hrn. Riecke sind hier nachstehend abgedruckt. Zum Schluß ist auf vielfachen Wunsch ein mit den genauen Adressen versehenes Verzeichnis der z. Z. der Vereinigung angehörigen Mitglieder zugefügt.

INHALTSANGABE.

	Seite
Vorbemerkung	3
I. Begrüßung der Festversammlung durch Hrn. v. Böttinger	5
II. Festrede von Hrn. Klein	7
III. Antwort von Hrn. v. Böttinger auf die Festrede	20
IV—XI. Ansprachen der Herren Cramer, Morsbach, Osterrath und Weber und Beantwortung dieser Ansprachen durch Hrn. v. Böttinger	21
XII. Experimentalvortrag von Hrn. Riecke: Über radioaktive Umwandlung	33
Anhang: Mitgliederliste der Vereinigung	53

I. Begrüßung der Festversammlung durch Hrn. v. Böttinger.

Hochgeehrte Herren!

Als Vorsitzender der Göttinger Vereinigung zur Förderung der angewandten Physik und Mathematik bitte ich mir zu gestatten, Sie alle herzlichst willkommen zu heißen und Ihnen den aufrichtigsten Dank unserer Vereinigung auszusprechen, daß Sie an dem heutigen Ehrentage, denn als solchen betrachten wir den Tag des zehnjährigen Bestehens unserer Vereinigung, erschienen sind.

In erster Linie darf ich Ihnen, hochverehrter Herr Kurator, diesen Dank zollen. Wir sind überzeugt, daß Sie ebenso wie Ihr von uns so hochgeschätzter Vorgänger, Herr Geheimrat Höpfner, unsere Bestrebungen fördern und denselben immer Ihr warmes Interesse entgegenbringen werden.

Alsdann sage ich Ihnen, hochverehrter Herr Prorektor der Universität Göttingen, gleichen herzlichen Dank.

Es ist uns wohl bekannt, wie Eure Magnifizenz für die Förderung der Naturwissenschaften und ihrer Anwendung eintreten und in welch ersprießlicher Weise Sie für die Entwicklung des diesbezüglichen Unterrichts auf unseren höheren Schulen wirken.

Warmen Dank sagen darf ich auch dem Dekan der philosophischen Fakultät, Herrn Professor Morsbach. Wir, hochverehrter Herr Dekan, sind uns wohl bewußt, wieviel unsere Vereinigung Ihrer Fakultät verdankt, und wir bitten deshalb, daß Sie diesen Dank für sich entgegennehmen, gleichzeitig aber auch der Träger desselben an die Gesamtheit der philosophischen Fakultät sein mögen. Wir bitten derselben die Versicherung auszuprechen, wie sehr wir immer bestrebt sein werden, Hand in Hand mit ihr zu arbeiten und vor allem, daß wir, gleich ihr, nur ein Ziel im Auge haben, zur Entwicklung der Wissenschaft beizutragen und derselben in immer weiteren Kreisen unseres Volkes Anerkennung zu verschaffen. Möge auch in aller Zukunft der gleiche Geist unsern großen gemeinsamen Arbeiten, der Fakultät und der Vereinigung, Führer und Leitstern sein.

Noch darf ich als Ehrengast unserer heutigen Tagung Herrn Stadtsyndikus Dr. Weber begrüßen, als Vertreter des durch die Verhandlungen des Provinziallandtags leider verhinderten Herrn Oberbürgermeister Calsow, der uns geschrieben, seine Verhinderung bedauert und die Wünsche der Stadt Göttingen uns übermittelt hat, — nicht minder den Wortführer des Bürgervorsteherkollegiums, Herrn Brand, dem ich für sein Erscheinen ebenfalls aufrichtigen Dank ausspreche.

Leider ist Herr Landrat Mannkopf verhindert, unter uns zu sein. Auch er hat uns seines Wohlwollens versichert und sein Bedauern ausgesprochen, daß ihn dienstliche Obliegenheiten am Erscheinen verhindern.

Von früheren Mitgliedern der Vereinigung heiße ich unseren hochgeschätzten Herrn Professor Dr. Eugen Meyer aus Berlin-Charlottenburg, der die Anfangsschwierigkeiten unseres Vorgehens mit uns geteilt und zu ihrer Überwindung wesentlich beigetragen hat, herzlich willkommen.

Ich begrüße zum Schluß noch ganz besonders unser Ehrenmitglied, Herrn Geheimrat Dr. Höpfner. Sie, hochverehrter Herr Geheimrat, haben von Anfang an in hervorragendem Maße zur Entwicklung der Vereinigung beigetragen; Sie haben unsere Arbeiten immer tatkräftigst unterstützt, Sie haben mit der Ihnen eignen großen Gewissenhaftigkeit und Pflichttreue an unseren Sitzungen, sowohl hier wie auswärts teilgenommen, aber nicht nur aus Gewissenhaftigkeit und Pflichttreue, sondern getragen von der Erkenntnis der Bedeutung unserer Bestrebungen. Sie waren uns von Anfang an ein wohlwollender Berater. Sie haben dann aber allen unseren Mitgliedern die Freude bereitet, Sie Freund nennen zu dürfen. Möge es Ihnen vergönnt sein, in voller Frische des Geistes und Körpers noch lange unserer Vereinigung erhalten zu bleiben.

Unseren herzlichsten Gruß, Dank und Willkomm entbieten wir auch allen übrigen Anwesenden, die uns die Ehre erweisen, an unserer Feier teilzunehmen. Sie beweisen damit eine uns wohltuende Anerkennung der Ziele, welche wir uns gesteckt haben: mit beizutragen zur Erkenntnis der Bedeutung der Wissenschaft für unser gesamtes Volk; zu sorgen, daß immer weiteren Kreisen zum Bewußtsein komme, wie sehr auf der Wissenschaft auch das wirtschaftliche Leben ruht, wie sehr die Anwendung des von unseren Gelehrten Erforschten zur heutigen Größe unseres Vaterlandes beigetragen hat.

Meine Herren! Unsere Göttinger Vereinigung blickt auf ein zehnjähriges Wirken und Arbeiten zurück. Es ist darüber allerlei zu berichten. Mein hochverehrter Mitvorsitzender, Herr Geheimrat Klein, der die Güte gehabt hat, die Festrede am heutigen Tage zu übernehmen, wird Ihnen dies alles in besserer und beredterer Weise zum Ausdruck bringen können, als ich es könnte, und ich möchte ihm deshalb nicht vorgreifen. Ich will daher schließen und Herrn Klein bitten, uns nunmehr mit seinen Ausführungen zu erfreuen.

II. Festrede von Hrn. Klein.

Hochansehnliche Versammlung!

Die Bestrebungen, welche in dem Bestehen der **Göttinger Vereinigung für angewandte Physik und Mathematik** ihren prägnanten Ausdruck finden, sind älter als die Vereinigung selbst, aber hatten zunächst mit allerlei Schwierigkeiten und Mißverständnissen zu kämpfen. Wenn das Ziel klar war: zwischen dem Universitätsbetriebe der exakten Wissenschaften und ihren technischen Anwendungen wieder eine Brücke zu schlagen und hierfür die Hilfe hervorragender Vertreter der Großindustrie mit heranzuziehen, so erwiesen sich die Versuche, die zur Erreichung dieses Zieles gemacht wurden, lange Zeit hindurch als vergeblich. Endlich, Neujahr 1897, erfolgte ein erster entscheidender Schritt vorwärts. Es war uns gelungen, das warme Interesse unseres jetzigen verehrten Vorsitzenden, des Hrn. v. Böttinger zu gewinnen, der nach geeigneten Vorverhandlungen mit der Regierung Hrn. v. Linde und mich zu einer Besprechung nach Berlin einlud, auf Grund deren der Göttinger Universität eine erste Summe von 20000 Mark zur Gründung eines Maschinenlaboratoriums zur Verfügung gestellt wurde, dessen Einrichtung und Leitung die Regierung Hrn. Mollier (damals Dozenten an der technischen Hochschule in München) übertrug. So begannen wir, Ostern 1897, mit dem Bau des ersten Pavillons unseres heutigen Instituts für angewandte Mechanik.

Aber nun kamen, wie es bei technischen Unternehmungen oder Erfindungen auch sonst zu gehen pflegt, die Anfangsschwierigkeiten. Das Prinzip ist da, nach welchem der neue Flieger sich in die Lüfte erheben soll, aber es fehlt der konstante Motor, der dauernd für die erforderliche Betriebskraft sorgt, es fehlt namentlich auch an Stabilität. Wir sollten das bald erfahren: Hr. Mollier wurde noch im Sommer als Nachfolger Zeuners nach Dresden berufen, und wir mußten uns glücklich schätzen, daß Hr. Eugen Meyer, Dozent an der technischen Hochschule in Hannover, die Fertigstellung der bei uns begonnenen Einrichtungen komissarisch übernahm. Würde es uns gelingen, ihn dauernd zu uns herüberzuziehen? Dazu mußte vor allen Dingen Sicherheit für planmäßige Weiterführung des begonnenen Werkes geschaffen werden.

Und hier ist es nun, wo als rettender Genius die Göttinger Vereinigung auf dem Plane erschien. Hrn. v. Böttinger war es gelungen, außer den Herren v. Linde und Kraus, die sich schon bei der ersten Spende beteiligt hatten, die Herren Kuhn, Rieppel und Wacker, sowie die Firma Krupp für ein dauerndes Zusammenwirken zu gewinnen. Am 26. Februar 1898 fand, hier in Göttingen, die konstituierende Versammlung statt, bei der sich von seiten der Göttinger Universität Hr. Kurator Höpfner und von älteren Professoren die Herren Riecke, Voigt, Wallach, Nernst und ich beteiligten, vor allen Dingen aber auch die neuernannten Leiter der in erster Linie zu entwickelnden Institutionen: Hr. Eugen Meyer und Hr. Descoudres, letzterer zwecks Ausgestaltung des in den Räumen des physikalischen Instituts bereits begonnenen elektrotechnischen Unterrichts.

Ich würde die mir zur Verfügung stehende Zeit weit überschreiten müssen, wenn ich Ihnen jetzt ausführlicher schildern wollte, wie die Göttinger Vereinigung aus dem so gegebenen Anfang heraus durch allerlei Fährlichkeiten hindurch sich nicht nur hat behaupten können, sondern ständig gewachsen ist und sich immer weitere Ziele hat stecken können; Sie finden eine Reihe Angaben hierüber in der Festschrift, welche wir 1906 aus Anlaß der Eröffnung der neuen physikalischen Institute an der Bunsenstraße veröffentlicht haben. Nehmen Sie nur das

Anwachsen unserer Mitgliederzahl. Eine Reihe unserer Freunde, denen wir ein treues Gedächtnis bewahren werden, sind ja bereits abgeschieden; verschiedene Professoren, die unserem Kreise angehörten, sind Berufungen nach auswärts gefolgt; aber neue werte Mitglieder in größerer Zahl sind beigetreten, so daß wir im Augenblicke 26 Vertreter der Industrie und 20 Angehörige der Universität zählen, die wir alle herzlich begrüßen, ganz besonders diejenigen, welche am heutigen Tage neu zugetreten sind.

Fürwahr, ein gütiges Geschick hat alle die Zeit hindurch über uns gewaltet.

Und nun lassen Sie mich als Göttinger Professor namens meiner Kollegen vor allen Dingen dem Gefühl lebhaftesten Dankes Ausdruck geben, der uns gegenüber unseren Mitarbeitern aus den Kreisen der Industrie, nicht minder aber auch gegenüber der Staatsregierung für weitestgehende Unterstützung und Förderung beseelt.

Die populäre Auffassung vom Wesen der Göttinger Vereinigung, meine Herren von der Industrie, trifft einen wichtigen Punkt, aber ist doch sehr einseitig. Man hat sich die Formel gebildet, die sich durch ihre Einfachheit empfiehlt: daß Sie das Geld geben, worüber wir dankbar quittieren, um neues zu bekommen.

Nun ist ja kein Zweifel, daß Geld für das Gedeihen unserer wissenschaftlichen Institute außerordentlich wesentlich und notwendig ist; ich werde darauf noch zurückkommen und möchte hier vorab irgendwelchen Überzeugungen, die in dieser Hinsicht bestehen sollten, jedenfalls nichts abbrechen. Ich möchte im Bilde sagen, daß Geld für unsere Institute notwendig ist, wie das Wasser für die Landwirtschaft, und will damit zugleich der populären Meinung gegenüber die Art Ihrer Hilfstätigkeit schon in etwa charakterisieren. Was der Landwirtschaft frommt, ist nicht plötzliche Wasserzufuhr, sondern eine rationelle Bewässerung, deren System man in dem Maße ausdehnt, wie es sich bewährt. So geben Sie, fortwährend weiter ausschauend, unter eingehender verständnisvoller Mitwirkung an allen Einzelheiten unserer Entwicklung.

Aber damit ist Ihre Tätigkeit zu unseren Gunsten noch lange nicht erschöpft.

Ich habe Ihnen, und Ihrem Vorsitzenden insbesondere, des

ferneren zu danken für Ihre nie ermüdende Fürsprache an maßgebender Stelle, die uns um so nützlicher ist, als die entscheidenden Instanzen des Staatslebens längst gewöhnt sind, hervorragenden Vertretern des praktischen Lebens williger Gehör zu leihen als uns bloßen Theoretikern.

Und doch ist das alles noch nicht das beste, was Sie uns gewährt haben und fortgesetzt zugute kommen lassen. Dies ist, daß Sie sich uns selbst geben in Ihrer Wertschätzung unseres Tuns, Ihrer Freundschaft, in dem Vorbilde Ihrer weitausgreifenden, alle menschlichen Verhältnisse umfassenden, im höchsten Sinne gemeinnützigen Tätigkeit. Wir haben unter Ihrer Führung wiederholt die großartigen Stätten Ihrer Wirksamkeit besuchen dürfen, wo das pulsierende Leben der Neuzeit mit allen seinen Problemen dem Beschauer sozusagen greifbar entgegentritt. Da erfüllen uns — wie einer meiner Kollegen bei festlicher Gelegenheit in zutreffender Weise sagte — zweierlei, nur scheinbar einander widersprechende Empfindungen: Demut und Stolz. Demut, weil der stille Gelehrte diesen großen Betrieben gegenüber unmittelbar so wenig bedeutet, und Stolz doch wieder, daß wir einen gewissen Anteil an diesen Dingen haben, dem Sie durch freundliche Wertschätzung unserer Persönlichkeit beredten Ausdruck geben. Und mit neuen Gedanken gefüllt: wie sich der einzelne in das große Ganze einfügt, wie wir unsere Berufstätigkeit weiter möchten entwickeln und immer fruchtbringender möchten gestalten können, kehren wir zu unserer Arbeit zurück.

Ich muß versuchen, den hohen Dank, den wir nicht minder der Staatsregierung schulden, gleichfalls in einige bezeichnende Worte zu fassen. Das vorgesetzte Ministerium hat sich nicht darauf beschränkt, die Bestrebungen der Göttinger Vereinigung durch geeignete Maßnahmen der Verwaltung fortschreitend zu unterstützen, sondern es hat darüber hinausgehend durch allseitige Weiterentwicklung der für uns in Betracht kommenden Göttinger Universitätseinrichtungen für diese Bestrebungen den denkbar günstigsten Boden bereitet. In welchem Umfange dies geschehen ist, wird auch der Fernerstehende ermessen, wenn ich angebe, daß wir im Gebiete der Mathematik und Physik 1898 über nur fünf Ordinariate verfügten, jetzt aber über zehn, und daß gleichzeitig nicht nur die von früher her bestehenden Institute sinngemäße Förderung erhalten haben, sondern daß **vier neue** wichtige Institute hinzugekommen sind. Es sind das zunächst diejenigen drei, für die sich unsere Göttinger Vereinigung in erster Linie eingesetzt hat: die Institute für **angewandte Mathematik**, für **angewandte Mechanik** und für **angewandte Elektrizität**. Dazu tritt aber noch das wichtige Institut für **Geophysik**, und, wenn ich es hier anreihen darf, da es in unseren Interessenbereich eigentlich mit hineingehört, als fünftes das Institut für **anorganische Chemie**. Göttingen ist solcherweise, was unsere Disziplinen angeht, wieder in die vorderste Reihe der deutschen Hochschulen gerückt worden!

Dem tiefempfundenen Danke, den wir dem Herrn Minister und seinen Räten für diese Entwicklung zollen, meine ich, ohne damit anderweitigem Verdienst etwas abzubrechen, noch eine persönliche Note geben zu sollen, indem ich den Mann besonders nenne, der von Anbeginn an unser zuverlässiger Berater und unsere mächtige Hilfe gewesen ist, und der auch heute noch, wo ihn Kränklichkeit gezwungen hat, von seinem hohen Amte zurückzutreten, als treuer Freund uns zur Seite steht: **Exzellenz Althoff**.

Ein Mann, der aus dem Großen schafft, wie Althoff, schafft auch viele Gegensätze, und ich würde das, was ich zu sagen habe, nur abschwächen, wenn ich dies nicht erwähnen wollte und nicht hinzufügte, daß auch in den Kreisen unserer Universität Althoff gegenüber gelegentlich Mißstimmung anzutreffen ist. Demgegenüber werden wir von der Göttinger Vereinigung nicht müde werden, laut zu verkünden, daß wir diesen wunderbaren Mann von seiner großen, seiner schöpferischen, seiner idealen Seite haben kennen lernen, wie er die Anforderungen, welche die Neuzeit an die Hochschulen stellt, in großem Überblick umfaßt, wie ihn das Ungewohnte der dabei hervorkommenden Probleme nur anfeuert, wie er es versteht, aus dem einzelnen, dem er Vertrauen geschenkt, die höchste Leistungsfähigkeit herauszuholen und dann wieder die finanziellen und verwaltungstechnischen Schwierigkeiten, die sich der Durchführung der anzustrebenden Einrichtungen entgegenstellen, mit immer neuen Methoden schließlich doch siegreich zu überwinden. So haben wir es 1905 bei Eröffnung der physikalischen Neubauten in einer Adresse ausgesprochen, die in unserer Festschrift abgedruckt ist, und so werden wir seiner auch in Zukunft gedenken. Und damit diese Gesinnung mit dem heutigen Tage auch äußerlich verbunden bleibe, haben wir soeben in unserer Geschäftssitzung einstimmig beschlossen, Althoff zu bitten, die höchste Ehre, die wir zu vergeben haben, die **Ehrenmitgliedschaft der Göttinger Vereinigung**, freundlichst annehmen zu wollen. —

Wollen Sie mir nunmehr gestatten, hochgeehrte Anwesende, mit kurzen Worten die **Ziele** zu bezeichnen, welche die Göttinger Vereinigung von ihrer Gründung an verfolgt hat, die **Resultate**, die wir erreicht zu haben glauben, die **Aufgaben**, welche wir vor uns sehen. Aus einer gewissen abstrakten Freude an Konsequenz bitte ich dabei meine Ausführungen um dieselben drei Punkte gruppieren zu dürfen, welche ich vor zehn Jahren in meinem Bericht bei der konstituierenden Versammlung unserer Vereinigung voranstellte: **Lehrerbildung, wissenschaftliche Forschung, Bedeutung unseres Vorgehens für die Gesamtuniversität.**

Das Problem der **Lehrerbildung**, d. h. der zweckmäßigen Ausbildung unserer Lehramtskandidaten der Mathematik und Physik, ist in der Tat der eigentliche Ausgangspunkt für die Konstituierung der Göttinger Vereinigung gewesen. Die mächtige Ingenieurbewegung der neunziger Jahre, welche allgemein zu reden auf vollere Geltendmachung aller mit Industrie und Technik verknüpften Interessen innerhalb unseres Staatslebens hinzielte, hatte die Aufmerksamkeit darauf gelenkt, daß die Ausbildung unserer Lehramtskandidaten im Laufe der Dezennien eine zu einseitig theoretische geworden war. Schon die „höheren Schulen" klagten in dieser Hinsicht über die ihnen von der Universität zuströmenden Kandidaten unserer Fächer, um so mehr aber die technischen Fachschulen, deren steigende Wichtigkeit jeder billig Denkende zugeben mußte.

Hier haben wir eingesetzt, indem wir in erster Linie an der Göttinger Universität die erforderlichen ergänzenden Unterrichtseinrichtungen schufen, bald aber weiter ausgriffen, um eine allgemeine Entwicklung in dem uns notwendig scheinenden Sinne einzuleiten. Dabei hat uns die Unterstützung der Staatsregierung nicht gefehlt, die bald mit zwei besonders wichtigen Maßnahmen hervortrat. Ich meine erstlich den Umstand, daß die neue preußische Prüfungsordnung für das Lehramtsexamen, die 1898 erschien, eine besondere Lehrbefähigung für angewandte Mathematik einführte. Ferner aber, daß 1900 im Anschluß an die sogenannte zweite Berliner Schulkonferenz das Prinzip der Gleichwertigkeit der verschiedenen Gattungen höherer Schulen proklamiert wurde, womit für die Weiterentwicklung und den Geltungsbereich des mathematisch-naturwissenschaftlichen Unterrichts neue Möglichkeiten gegeben sind.

Es hieße, im hier versammelten Kreise wohlbekannte Dinge unnötig wiederholen, wenn ich schildern wollte, wie seitdem auf dem Gebiet des mathematisch-naturwissenschaftlichen Unterrichts eine allgemeine Reformbewegung Platz griff, wie insbesondere die **Gesellschaft Deutscher Naturforscher und Ärzte** eine vielgliedrige Kommission zur Bearbeitung aller einschlägigen Fragen ernannte. — Der stattliche Band, in welchem die Kommission soeben (Neujahr 1908) ihre Arbeiten zusammengefaßt hat, gipfelt in einem ausführlichen Bericht über die zweckmäßige Ausgestaltung der Hochschulausbildung unserer mathematisch-naturwissenschaftlichen Lehramtskandidaten (unter gleichförmiger Berücksichtigung der mathematisch-physikalischen wie der chemisch-biologischen Disziplinen). Und bereits hat sich ein großer **Deutscher Ausschuß für den mathematischen und naturwissenschaftlichen Unterricht** gebildet, der das, was die Kommission in langen Beratungen erarbeitet hat, in die Tat übersetzen will, wobei von vorne herein auf vielfaches Entgegenkommen der Regierungen gerechnet werden kann.

Ich darf dies alles am heutigen Tage erwähnen, weil die Göttinger Vereinigung an dieser ganzen Entwicklung teils direkt teils indirekt einen wesentlichen Anteil gehabt hat, und weil sie nicht müde geworden ist, die Göttinger Universitätseinrichtungen für die Ausbildung unserer Lehramtskandidaten immer weiter zu entwickeln und im Sinne der von der Naturforscherkommission vertretenen Anschauungen zu vorbildlichen zu machen. Ein Teil der Beschlüsse, die wir soeben in unserer Geschäftssitzung gefaßt haben, liegt wieder in der hiermit bezeichneten Richtung. Damit aber Mißverständnisse, welche über diese Seite unserer Tätigkeit hin und wieder bestehen möchten, in Zukunft möglichst zurücktreten, will ich ausdrücklich hervorheben, daß wir uns bei unserem Vorgehen zugunsten verbesserter Lehrerbildung **von vorne herein von den Übertreibungen eines einseitigen Utilitarismus immer ferngehalten haben**. Wir haben neben den praktischen Seiten der Lehrerbildung die Wichtigkeit theoretischer Unterweisung immer gelten lassen, wir haben aber namentlich auch, so oft Gelegenheit war, betont, daß wir selbstverständlich Mathematik und Naturwissenschaft, wo sie an der Schule vernachlässigt sind, mehr in den Vordergrund gebracht wünschen, daß wir aber die Bedeutung anderer Unterrichtsfächer darum nicht verkennen und sehr bereit sind, uns mit Vertretern dieser anderen Gebiete über die allgemeine Hebung unserer Unterrichtsverhältnisse zu verständigen. —

Wenn ich nun ferner, hochgeehrte Anwesende, von der wissenschaftlichen Forschung in unseren Instituten reden soll, so brauche ich hier im Universitätskreise kaum zu betonen, daß ohne solche der akademische Unterricht nicht bestehen kann, er vielmehr sofort unwürdiger Verflachung anheimfallen würde, wenn wir uns darauf beschränken wollten, nur fremde Ergebnisse zu vermitteln. Von anderer Seite aber hat man uns allerdings bei der Durchführung der erforderlichen Einrichtungen allerlei Schwierigkeiten gemacht. Es gab Eifersüchteleien mit den technischen Hochschulen; insbesondere aber hat man gefragt, was unsere kleinen Institute gegenüber den ungeheuren Problemen der technischen Praxis überhaupt bedeuten wollen? Und es gab kluge Leute, die meinten, die Diagnose auf engen Eigennutz stellen zu sollen, als arbeiteten wir in unseren Instituten für Patente im Interesse unserer industriellen Auftraggeber, und anderes dergleichen.

Nun, wir haben geantwortet, und ich wünsche es heute zu wiederholen, weil eine genauere Kenntnis der tatsächlich vorliegenden wissenschaftlichen Verhältnisse der Natur der Sache nach wenig verbreitet ist und ohne solche nur schwer ein zutreffendes Urteil gewonnen werden kann: daß das Grenzgebiet zwischen Mathematik und Physik einerseits, Technik andererseits bei seiner großen Vielseitigkeit Inangriffnahme der Probleme von den verschiedensten Seiten verlangt, und daß der Untergrund der Universitätstradition — oder soll ich geradezu sagen: unserer Göttinger Tradition — in dieser Hinsicht so eigenartig und wertvoll erscheint, daß auch kleinere bei uns begründete Institute etwas Spezifisches zustande zu bringen sehr wohl in der Lage sind. Wer aber unser Vorgehen auf niedere Motive zurückführen will, der möge nachgerade hören, daß er die vornehme Position unterschätzt, welche die Mitglieder der Göttinger Vereinigung in Wissenschaft und Industrie einnehmen. —

Vielleicht war es überflüssig, auf die alten Einwände so weit einzugehen. Haben sich doch längst die erfreulichsten Beziehungen zwischen uns und solchen maßgebenden Kreisen der Technik entwickelt, die uns früher vielleicht ferner standen. Der Direktor des Ingenieurvereins ist nun schon seit Jahren unser wertes Mitglied, und die 1899 beim Jubiläum der Berliner technischen Hochschule begründete Industriestiftung hat mancherlei Arbeiten in unseren Laboratorien weitgehend unterstützt. Zwischen der Göttinger Universität aber und den technischen Hochschulen hat sich ein ausgiebiger Dozentenaustausch entwickelt. Soll ich hervorheben, wieviel wir hier an Ort und Stelle den ausgezeichneten Lehrkräften und Forschern verdanken, die von Hannover zu uns herübergekommen sind? Nach anderer Seite kann ich anführen, daß es keine norddeutsche technische Hochschule gibt, die nicht Vertreter der Mathematik, oder Physik, oder Mechanik von Göttingen berufen hätte. Und ich nehme an, daß man im allgemeinen Ursache hat, mit dem, was die Herren bei uns gelernt haben, zufrieden zu sein.

Kein Zweifel, daß sich diese Beziehungen, nachdem das erste breite Mißtrauen gewichen ist, immer weiter im positiven Sinne entwickeln werden. In dieser Hinsicht darf ich anführen, daß unsere bisherigen Einrichtungen eben nun durch **zwei interessante Versuchsanstalten**, die von berufenster Seite bei uns errichtet werden, vervollständigt werden sollen. Die **Motorluftschiffstudiengesellschaft** in Berlin, Ihnen allen durch das Parsevalsche Luftschiff wohlbekannt, erbaut im Anschluß an unser Institut für angewandte Mechanik ein Laboratorium, in welchem systematische Luftwiderstandsversuche an Ballonmodellen ausgeführt werden sollen. Die **Marine** aber (in Verbindung mit der **allgemeinen Militärverwaltung**) errichtet bei uns eine Station für drahtlose Telegraphie, wo die Methoden der ungedämpften elektrischen Wellen, die in unserem Institut für angewandte Elektrizität ihren Ursprung genommen haben, im großen zur Prüfung und Entwicklung gebracht werden sollen. Wir werden so die Freude haben, in unmittelbarer Beziehung mit den zentralen Instanzen an der Weiterführung zweier neuester Errungenschaften der Technik in unserer Weise mit unseren Hülfsmitteln mitarbeiten zu dürfen.

Und nun die Bedeutung unseres Vorgehens für die Universität als solche!

Da ist selbstverständlich das erste, daß überhaupt eine positive Beziehung zur Technik gewonnen ist. Ich brauche nicht auszuführen, wieviel neue Lebenselemente damit unseren mathematischen und physikalischen (oder auch den chemischen und den landwirtschaftlichen) Studien zugeführt sind. Die Beziehung zur Technik interessiert sehr viel weitere Kreise der Universität. Insbesondere haben wir gern der Aufforderung maßgebender Instanzen entsprochen, allgemein orientierende Vorlesungen für die Studierenden der Jurisprudenz und der Staatswissenschaften einzurichten. Es ist das ein wichtiger Fortschritt zum Besseren. Aber er kann erst ganz zur Wirkung kommen, wenn schon auf der Schule, in den Jahren der jugendlichen Entwicklung, für die Auffassung naturwissenschaftlicher und überhaupt realer Vorgänge eine gewisse Grundlage gelegt wird. Ich werde aber heute Ihre Zeit nicht dafür in Anspruch nehmen dürfen, daß ich die wichtigen hier sich anschließenden Gedankenreihen weiter verfolge, was mehr eine Aufgabe des schon genannten Deutschen Ausschusses für den mathematischen und naturwissenschaftlichen Unterricht sein dürfte.

Ich möchte von viel greifbareren Dingen zu Ihnen reden. Nämlich von der materiellen Bedrängnis der kleineren Universitäten und von der Notwendigkeit, unsere Anstalten durch private Organisationen nach Art der Göttinger Vereinigung und sonst durch Bezugnahme von allerlei Art zu stützen. Wie sind denn die tatsächlichen Verhältnisse? Die Regierung steigert ihre Aufwendungen für die kleineren Universitäten zwar von Jahr zu Jahr, aber die Aufgaben wachsen rascher, als daß die staatliche Leistungsfähigkeit, die durch die breiten Bedürfnisse der allgemeinen Wohlfahrt in einer früher nicht gekannten Weise in Anspruch genommen sind, mitkommen könnte. Es fehlen an den kleineren Universitäten — und Göttingen macht da keine Ausnahme — es fehlen nicht nur eine Menge Einrichtungen, welche vorhanden sein sollten, sondern viele der vorhandenen kranken an Blutarmut. Es wäre kaum angebracht, bei der heutigen Gelegenheit auf die in dieser Hinsicht vorliegenden traurigen Verhältnisse genauer einzugehen, aber die allgemeine Tatsache als solche soll scharf betont sein. Die Frage ist unabweisbar, ob wir tatenlos zusehen wollen, daß die kleineren Universitäten in ihrer Bedeutung solcherweise immer mehr herabgehen. Das darf und soll nicht sein! Denn das Studium am kleinen Platz hat in bestimmten Richtungen so viele Vorzüge vor dem in der großen Stadt, daß wir damit ein wichtiges Kulturelement verlieren würden.

Und hier gibt das Vorgehen der Göttinger Vereinigung das Beispiel, wie Abhilfe geschaffen werden kann. Möge der Staat zunächst überall wie bisher für den gleichmäßigen Unterbau sorgen. Möge er dann aber weiter die Hand reichen, wo durch Selbsthilfe der beteiligten Kreise der Ansatz zu weitergehender Entwicklung hervortritt! Dabei denke ich nicht nur an die Initiative einzelner Persönlichkeiten oder Gruppen, sondern ebensowohl an das Vorgehen der in Betracht kommenden öffentlichen Instanzen, der Stadt, des Bezirks, der Provinz. Diese Initiative muß wachgerufen werden. Dann wird jedes unserer kleinen Kulturzentren seine besonderen Einrichtungen und Leistungen aufzuweisen haben, mit denen es sich gleichwertig neben die großen stellt, und es wird, wo nicht der einzelnen kleineren Universität, so doch ihrer Gesamtheit die erforderliche allgemeine Bedeutung wiedergewonnen und auf absehbare Zeit gesichert sein!

Das Ausland bietet uns hinsichtlich der Durchführbarkeit und der Wirksamkeit des so formulierten Programms glänzende Beispiele. Und es ist gar nicht nötig, zu dem Zwecke etwa bis Amerika zu gehen, wo allerdings sehr viel Interessantes für uns zu lernen ist. Ich verweise vielmehr auf die französischen Provinzuniversitäten, die lange Zeit gegenüber der Präponderanz von Paris völlig zu verschwinden drohten, jetzt aber auf dem angedeuteten Wege jede in ihrer Art sich eine bemerkenswerte Bedeutung wiedererobern. Und auch in Deutschland selbst ergeben sich bei näherem Zusehen zahlreiche Ansätze in demselben Sinne. Die Göttinger Vereinigung ist nur ein besonders markantes Beispiel. Was ich empfehle, ist, daß diese verschiedenen Ansätze zu einem bewußten Programm zusammengefaßt und daraufhin systematisch weitergeführt werden. Auch wir hier in Göttingen sollen bei dem Erreichten nicht stehen bleiben, sondern unablässig weiterstreben. Nur so werden wir den erfreulichen Aufschwung, den uns das letzte Jahrzehnt brachte, zu einem dauernden machen.

Zu Pessimismus ist also kein Anlaß und für uns Mitglieder

der Göttinger Vereinigung um so weniger, als ich von einem uns nahestehenden Unternehmen hier an Ort und Stelle erzählen kann, welches die empfohlene Kooperation aller in Betracht kommender Kreise sozusagen typisch hervortreten läßt. Das ist die **Göttinger Mechanikerschule**. Für den Fernerstehenden sei bemerkt, daß in Göttingen seit Dezennien hochentwickelte mechanische Betriebe bestehen, und daß schon seit Jahren der Wunsch hervorgetreten war, durch mehr systematische Ausbildung des jugendlichen Nachwuchses für die Weiterentwicklung dieses Gewerbes eine feste Grundlage zu schaffen. Aber es war infolge innerer Hemmungen für diese Bestrebungen eine Art Stillstand eingetreten, der durch das Eingreifen der Göttinger Vereinigung überwunden wurde. Jetzt vollzog sich die Ausgestaltung des Projekts in den letzten 2—3 Jahren in allergünstigster Weise, indem Staat und Stadt wetteiferten, durch weitgehende Unterstützung ihrerseits die erforderliche materielle Grundlage des Unternehmens zu sichern. Schon sind die untersten Klassen der neuen Schule eingerichtet, und bald wird sie vollausgebaut in einem neuen Gebäude ihre ganze Wirksamkeit entfalten. **Wo aber liegt** — so werden Sie fragen — **bei dieser Sache das Interesse der Universität?** Man kann zunächst antworten, daß eine leistungsfähige Feinmechanik an Ort und Stelle für alle unsere naturwissenschaftlichen Interessen in der Tat von größter Wichtigkeit ist. Aber wir denken an ein viel unmittelbareres Zusammenwirken der neuen Schule mit der Universität. Es müßte sich erreichen lassen, daß die jungen Mechaniker auf der Oberstufe der Schule, **ohne ihrem Beruf entfremdet zu werden**, in irgendwelcher Form die feinmechanischen Bedürfnisse unserer naturwissenschaftlichen Universitätsinstitute aus eigener Anschauung kennen lernen, dann aber umgekehrt, daß unsere Studierenden der Naturwissenschaft, insbesondere unsere Lehramtskandidaten, die für sie so dringend erforderliche praktische Ausbildung im unmittelbaren Verkehr mit den Mechanikern in den Lehrwerkstätten der neuen Schule finden.

Gelingt dieser Plan, so wird er bald über Göttingen hinausgreifend eine allgemein deutsche Bedeutung erlangen. Es ist aber gut zu wissen, daß wir auch hierfür im Auslande Vorbilder finden, wie denn die Einrichtungen für den naturwissenschaftlichen Unterricht im Auslande überhaupt vielfach den unseren vorangeeilt sind. Deutsche Wissenschaft und deutsches Gewerbe müssen sich auf alle Weise zusammenschließen, damit das letztere dem Auslande gegenüber konkurrenzfähig bleiben kann. Ich spreche diesen Grundsatz um so lieber aus, als in ihm einer der tiefsten Beweggründe enthalten sein dürfte, der unsere Freunde von der Industrie bestimmt hat, der Göttinger Vereinigung beizutreten. —

Doch ich kehre zur Göttinger Universität zurück, in deren Räumen wir hier tagen. Daß die Vereinigung „zur Förderung der angewandten Physik und Mathematik" gerade an der Göttinger Universität entstand, ist kein Zufall, sondern entspricht durchaus der historischen Grundlage, auf der wir hier fußen. Wissenschaftliche Unterweisung, verbunden mit der Berücksichtigung praktischer Interessen, Gründlichkeit der Forschung mit freiem Blick über die weiten Bedürfnisse des Lebens hin, das sind genau die Charakterzüge, welche der jugendlichen Georgia Augusta im 18. Jahrhundert eignen. In dieselbe Richtung weist sodann die große Tradition von Gauß und Weber aus der ersten Hälfte des 19. Jahrhunderts. Und wenn die zähe Art des niedersächsischen Stammes neuen Gedanken vielleicht nur langsam zugänglich ist, so hält sie das einmal Begonnene um so unbedingter fest, und läßt nicht nach, bis die volle Entfaltung erreicht ist. So glauben wir, für die Bestrebungen unserer Vereinigung hier in der Tat den allergünstigsten Boden gefunden zu haben. Umgekehrt wird es der Vereinigung die größte Befriedigung gewähren, zum allgemeinen Gedeihen der Georgia Augusta, im Sinne ihrer ruhmreichen Überlieferung, im Sinne zugleich des Zukunftsprogramms, das ich vorhin für die kleineren Universitäten entworfen habe, an ihrem Teile beitragen zu können. Ich meine, die heutige Festrede nicht besser schließen zu können, als daß ich im Namen der Göttinger Vereinigung ein Hoch auf die Göttinger Universität ausbringe, auf die Alma mater, die auch uns trägt und hütet; möge sie weiter blühen und gedeihen, indem sie die ihr von altersher innewohnenden Kräfte gegenüber den wechselnden und immer vielseitiger werdenden Bedingungen der Neuzeit in immer neuer Weise glänzend zur Geltung bringt!

III. Antwort von Hrn. v. Böttinger auf die Festrede.

Meine hochverehrten Herren!

Ihr allseitiger Beifall gibt auch gleichzeitig Ihrem Dank Ausdruck für den so hochinteressanten und bedeutungsvollen Vortrag, den wir eben gehört haben.

Diesem Dank schließe ich mich an, indem ich namens der Vereinigung denselben besonders zum Ausdruck bringe.

Wir sind Herrn Geheimrat Klein um so mehr Dank schuldig, je mehr wir alle seine Initiative, seine unermüdliche Tatkraft und seine stetige Förderung unserer Aufgaben bewundern müssen. Ohne sie — dessen sind wir uns bewußt — hätten wir eine solche gedeihliche Entwicklung nicht gehabt und nicht haben können, wie dies der Fall gewesen ist. Seine immer neuen Anregungen haben auf alle Mitglieder belebend gewirkt, und haben in erster Linie immer dazu beigetragen, daß unsere Zusammenkünfte sich so reizvoll für alle Anwesenden gestalteten. Deshalb, hochverehrter Freund, nochmals aufrichtigen Dank für alles das, was Sie uns waren und sind.

Ich darf dabei auch einschließen den Dank an alle die Herren Professoren, die mit Ihnen und uns zusammen gearbeitet und die in ihrem Streben nach Wissenschaft und Licht so viel Hervorragendes geleistet haben. —

Sie haben, verehrte Anwesende, schon vernommen, daß in der heute früh stattgehabten Sitzung unsere Mitglieder beschlossen haben, dem Manne, dem wir für seine Förderung, für seine stetige Mitarbeit, für seine Tatkraft so unendlich viel verdanken, ja dessen Mitwirkung die Durchführung unserer Aufgaben überhaupt erst möglich machte, die Ehrenmitgliedschaft unserer Vereinigung anzubieten. S. Exzellenz Hr. Wirklicher Geheimer Rat Dr. Althoff, dessen Name unauflöslich mit allen großen Aufgaben der Universitäten und Hochschulen und unseres ganzen höheren Unterrichts verbunden ist, möge hieraus entnehmen, daß auch die Göttinger Vereinigung dankerfüllt bleibt für alles, was er auch ihr Gutes getan hat.

Meine Herren! Herr Geheimrat Klein hat schon hingewiesen auf das eigenartige Zusammenarbeiten der Mitglieder unserer Vereinigung. Dieselbe ist kein organisierter Verein, hat keine juristischen Rechte, sondern ist eine Vereinigung von

Männern der Industrie und Wissenschaft, welche, einerseits von der Bedeutung der Wissenschaft, andererseits von der großen Tragweite der Industrie durchdrungen, im freien Zusammenschluß beide fördern zu können meinen. Ich möchte hier aber namens der industriellen Mitglieder der Vereinigung besonders betonen, daß Auffassungen, die uns zu Ohren gekommen sind, als ob die Mitglieder der Vereinigung irgendwelche Sonderinteressen vertreten, jedweder Berechtigung entbehren, daß die sämtlichen Mitglieder nur das eine Ziel haben, die Wissenschaft in ihrer Anwendung zu fördern und dafür zu sorgen, daß die zur Ausbildung der kommenden Geschlechter Berufenen auch an der Universität Gelegenheit haben, sich mit den Bedürfnissen und Erfordernissen der heutigen Zeit vertraut zu machen. Wir glauben damit auch die Aufgaben der Universität selbst zu fördern.

Daß Göttingen die hierfür in erster Linie in Betracht kommende Stätte war, ist naheliegend für jeden, der sich erinnert, daß von altersher große Meister und Pioniere auf der Bahn der angewandten Wissenschaften, darunter Gauß und Weber, gerade in Göttingen lehrend und fördernd gewirkt haben.

Möge die Vereinigung noch weiter schaffen und damit sowohl die Aufgaben der Universität wie auch diejenigen der technischen Wissenschaften fördern!

IV. Ansprache des Prorektors der Universität, Hrn. Cramer.

Hochansehnliche Festversammlung,

meine hochgeehrten Herrn!

Herr Geheimrat Klein hat uns soeben in seiner bekannten klaren und anschaulichen Weise geschildert, wie die Göttinger Vereinigung entstanden ist, was für Ziele sie erstrebt und was sie erreicht hat. Ich freue mich, daß ich berufen bin, diese Vereinigung, welche für unsere Universität, wenigstens nach meiner persönlichen Überzeugung, eine unschätzbare Bedeutung besitzt, in unserer Aula zu begrüßen. Denn wo wäre der Ausbau jener geistreichen Idee geblieben, daß die Heimat von Gauß und Weber, die an allen Mauern und Zinnen die Zeichen der großen Zeit erkennen läßt, berufen sei, auch den Nährboden für eine neue Blüte der mathematisch-physikalischen Wissenschaften abzugeben, wenn nicht die Göttinger Vereinigung unsere Staatsregierung unterstützt hätte.

Betrachten wir die Hilfsmittel, mit denen in der Zeit der Erfindung des ersten elektro-magnetischen Telegraphen die beiden Heroen arbeiten mußten und konnten, mit unseren heutigen Einrichtungen zum Studium und zum Unterricht auf fast jedem Zweig menschlicher Naturerkenntnis, so sehen wir einen gewaltigen Fortschritt, eine ungeahnte Entwicklung. Der letzte klärende Gedanke des Forschers, der als zündender Funke die Spannung langer ermüdender Gedankenreihen bei der Geburt einer neuen Erfindung löst, wird immer wie von Anbeginn des Denkens des Menschen eine Leistung der ureigensten Individualität des Forschers bleiben und von den angeborenen Eigenschaften des Gehirns abhängen. Jedoch sind trotz der Einfachheit der Grundgesetze seit den Zeiten Gauß und Webers die Gedankenreihen, die zur Geburt von neuen brauchbaren Ideen führen, immer komplizierter geworden, wie sie auch auf immer diffizileren und genaueren Voraussetzungen sich aufbauen. Nicht wenig hat dazu beigetragen, daß gerade der Ausbau und die Erschließung immer neuer naturwissenschaftlicher Disziplinen und die ihnen auf dem Fuße folgende Technik die Sinnesorgane und damit das Begriffsvermögen des Menschen erweitert hat, so daß heute ohne die vielfachen Hilfswissenschaften und Hilfsmittel ein Forschen fast unmöglich ist. Allerdings darf dabei nicht bestritten werden, daß dem schöpferischen Genie, das nur alle paar Jahrhundert einmal geboren wird, immer noch Mittel und Wege zur plötzlichen Erschaffung einer neuen Wahrheit, an deren Verwirklichung lange Jahrzehnte mit exakten Methoden gearbeitet werden muß, zur Verfügung stehen.

Zur Durchführung genauer Untersuchungen, ohne welche ein naturwissenschaftliches Arbeiten überhaupt nicht möglich ist, gehören Arbeitsstätten, welche mit den besten Hilfsmitteln ausgestattet sind. Wo wir hinblicken, überall sind diese Hilfsmittel komplizierter geworden. Das gewöhnliche Hören, Sehen und Fühlen reicht lange nicht mehr aus, neue Apparate schaffen neue Sinne. Überall folgt die Technik dem Forscher und schafft ihm neue Arbeitsmöglichkeiten und vergrößert seinen Aktionsradius. Hat sich doch in Göttingen eine große, nicht nur bei uns, sondern auch im Ausland geachtete Industrie entwickelt, welche dem Forscher hilft, zu seinem Ziele zu gelangen, die Feinmechanik. Ich brauche auf diese Verhältnisse nicht genauer einzugehen, nachdem uns soeben Hr. Klein in ausgezeichneter Weise damit bekannt gemacht hat.

Jede neue Richtung, die eine Forschung nimmt, erfordert neue Apparate und neue Mittel. Wollten wir ausruhen, bei dem was erreicht ist, auch nur einen einzigen Augenblick, so wäre das ein Rückschritt! Rastlos treibt die führende Idee den Forscher weiter, und rastlos treten immer neue Bedürfnisse hervor. Es wird jeder mit mir anerkennen, daß unsere Staatsregierung es sich angelegen sein läßt, mit den beschränkten ihr zur Verfügung stehenden Mitteln, dem Siegeslauf der Wissenschaft zu folgen. Die meisten von Ihnen haben aber empfunden, daß auch beim besten Wohlwollen alle oft dringend notwendigen Forderungen nicht erfüllt werden können. Es bleiben infolgedessen oft wissenschaftliche Fragen liegen, deren Lösung unser Menschengeschlecht vielleicht mächtig gefördert hätte. Muß es da nicht als eine erlösende Tat empfunden werden, daß Männer wie v. Böttinger und Klein sich mit anderen in der Göttinger Vereinigung zusammengefunden haben, um bei uns hier in Göttingen die mathematisch-physikalischen Disziplinen zu unterstützen. Hand in Hand mit der Staatregierung arbeitend haben sie es erreicht, daß die naturwissenschaftliche Sparte unserer Hochschule, speziell die mathematisch-physikalische Abteilung in einer Blüte steht, die in der ganzen Welt anerkannt wird. Wenn man dabei von amerikanischen Verhältnissen spricht, so ist das kein Vorwurf. Im Gegenteil, die neue Welt hat uns zahlreiche neue und gute Ideen gebracht. Göttingen hat nach alter Tradition viele englisch-amerikanische Beziehungen und ist dank seiner westlichen Lage der Vorort unter den Universitäten für den Gedankenaustausch mit der englisch-amerikanischen Kulturwelt.

Ich weiß sehr wohl, daß ich diese Worte nicht im Namen des gesamten Senates der Gorgia Augusta sprechen darf, ich gebe auch zu, daß die abweichende Anschauung eines Teiles der Kollegen alle Achtung und strenge Prüfung verdient, ich glaube aber, daß wir, die wir die naturwissenschaftlichen Disziplinen vertreten, wozu ich auch die Medizin rechne, nicht anders denken dürfen, wenn wir unsere Wissenschaft mit allen

Mitteln, welche uns nötig sind, weiter entwickeln wollen. Möchte ein glücklicher Zufall auch unserer medizinischen Fakultät eine Göttinger Vereinigung bescheren, denn auch die medizinische Fakultät hat einen Ausbau bitter not.

Meine hochverehrten Herren, ich darf meine Ausführungen wohl mit einem naturwissenschaftlichen Vergleiche schließen. Wie nach den ewigen Gesetzen vom Kreislauf des Wassers, eines der Elemente, das für die Existenz unserer organischen Natur die unerläßliche Vorbedingung ist, das lebenspendende Naß immer wieder an seinen Ursprungsort zurückkehrt, so gelangt die werteschaffende Idee des Forschers aus den der reinen wissenschaftlichen Forschung gewidmeten Arbeitsstätten der Universitäten zur Industrie, um dank dem Genius ihrer Vertreter in unendlicher Weise vervielfältigt in Gestalt neuer Werte durch die Göttinger Vereinigung an die Universität zurückzukehren und dort, neues Leben spendend, neue befruchtende Gedanken hervorzurufen. Möge die Göttinger Vereinigung, wie sie als Segen und fruchtbringend sich bisher bewährt hat, auch weiter blühen und gedeihen zum Wohle unserer Georgia Augusta!

V. Antwort von Hrn. v. Böttinger auf die Ansprache des Hrn. Prorektors.

Euer Magnifizenz!

Die Ausführungen Euer Magnifizenz werden von allen Mitgliedern der Göttinger Vereinigung mit besonderer Freude und mit aufrichtigem Dank begrüßt werden.

Seien Sie versichert, daß die warme Anerkennung, welche die Tätigkeit unserer Vereinigung bei Euer Magnifizenz gefunden, um so bedeutungsvoller für uns ist, als sie uns beweist, wie sehr auch die medizinische Fakultät die Notwendigkeit einer Entwicklung der Naturwissenschaften, insbesondere deren Anwendung, erkennt.

Euer Magnifizenz haben darauf hingewiesen, und haben besonders hervorgehoben, wie der Ausbau und die Erschließung naturwissenschaftlicher Disziplinen dazu beigetragen haben, das Begriffsvermögen des Menschen zu erweitern und wie bedeutungsvoll jede Entwicklung der mathematisch-physikalischen

Wissenschaft für die anderen Disziplinen, auch für die durch Euer Magnifizenz vertretene, die medizinische, ist.

Neben diesem Dank für die anerkennenden Worte Euer Magnifizenz dürfen wir der Freude Ausdruck geben, daß auch der „modus procedendi" der Vereinigung in der Förderung ihrer Ziele und Aufgaben Würdigung gefunden und immer vereinbar gewesen ist mit den Anschauungen der Universität, indem sie sich voll und ganz an die letztere angefügt und sich derselben angeschlossen hat.

Möge die Göttinger Vereinigung sich immer der Anerkennung würdig zeigen, wie dieselbe ihr heute durch Euer Magnifizenz zum Ausdruck gebracht worden ist.

VI. Ansprache des Dekans der philosophischen Fakultät, Hrn. Morsbach.

Hochansehnliche Versammlung!

Die philosophische Fakultät, die an der heutigen Feier lebhaften Anteil nimmt, will ihrer Gesinnung dadurch Ausdruck geben, daß sie durch den Mund ihres Dekans eine Ehrenpromotion verkündet, die sie in ihrer Sitzung vom 7. Februar einstimmig beschlossen hat.

Sie verleiht Herrn Direktor Emil Ehrensberger in Essen die Doktorwürde honoris causa, in voller Würdigung der großen Verdienste, die er sich sowohl durch seine langjährige, von wissenschaftlichem Geiste getragene erfolgreiche Tätigkeit als auch durch die Förderung und Unterstützung wissenschaftlicher Unternehmungen und Institute in reichem Maße erworben hat.

Es sei mir gestattet, den Wortlaut der Urkunde mitzuteilen:

Q. F. F. F. Q. S.

Avspiciis et avctoritate avgvstissimi potentissimi principis ac domini WILHELMI II imperatoris Germanorvm Borvssiae regis domini nostri longe clementissimi prorectore academiae Georgiae Avgvstae magnifico AVGVSTO CRAMER medicinae chirvrgiae artisqve obstetriciae doctore medicinae professore pvblico ordinario institvti clinici et policlinici psychiatrici et nevrologici directore regi a consiliis medicinalibvs intimis ego

LAVRENTIVS MORSBACH philosophiae doctor artivm liberalivm magister professor pvblicvs ordinarivs societatis regiae scientiarvm Gottingensis sodalis ex ordinis mei decreto virvm egregivm
AEMILIVM EHRENSBERGER
qvi prima adolescentia propter novam methodvm aciem dvrandi feliciter atqve ingeniose inventam locvm in celeberrima Kruppii officina adeptvs postqvam vniversae illic fabricae qvae ad aciem ex ferro prodvcendam pertinet praepositvs est sagaciter in aciei compositionem chemicam proprietatesqve natvrales inqvirendo laboratoriis conditis scientiarvm chemicae et physicae stvdia promovendo virvm vere doctvm ipsiqve scientiae deditvm se praestitit hvic nostrae vniversitati plvrimam ex officinis qvas regit et instrvmentorvm et materiarvm copiam svmma mvnificentia donavit die VII mensis febrvarii a MCMVIII honoris cavsa philosophiae doctorem et artivm liberalivm magistrvm creavi creatvm pronvntiavi eivsqve rei has litteras testes sigillo ordinis philosophorvm mvniri ivssi.

Wie ich erfahre, ist Herr Dr. Ehrensberger zu unser aller größtem Bedauern verhindert, an dem Feste teilzunehmen. Ich bitte daher den Herrn Vorsitzenden Geheimrat Dr. v. Böttinger, das Diplom gütigst in Empfang nehmen und Herrn Dr. Ehrensberger unsere besten Glückwünsche übermitteln zu wollen.

VII. Antwort von Hrn. v. Böttinger auf die Ansprache des Hrn. Dekans.

Hochgeehrter Herr Dekan!

Mit der besonderen Auszeichnung, die Ihre hohe und geschätzte Fakultät unserm verehrten Freunde und Kollegen Herrn Direktor Dr. Ehrensberger zuteil hat werden lassen, hat dieselbe gleichzeitig auch unsere Göttinger Vereinigung zur Förderung der angewandten Physik und Mathematik geehrt und diese zu aufrichtigem Danke verpflichtet.

Nach Kenntnisnahme der Herrn Dr. Ehrensberger gewordenen Anerkennung seiner wissenschaftlichen Arbeit bedauern wir um so aufrichtiger, daß er durch Krankheit in seiner Familie verhindert ist, heute hier zu sein und diese Ehrung direkt von Ihnen entgegenzunehmen.

Gestatten Sie mir deshalb, hochgeehrter Herr Dekan, Ihnen und Ihrer Fakultät zugleich im Namen der Vereinigung und des Geehrten für die ihm erwiesene Ehre aufs wärmste zu danken.

Was den Ausgezeichneten anbelangt, so kann ich nur sagen: „Ehre dem Ehre gebührt".

VIII. Ansprache des Universitätskurators Hrn. Osterrath.

Meine Herren von der Göttinger Vereinigung!

Geehrte Festversammlung!

Gestatten Sie mir, der ich dieser festlichen Sitzung nicht nur als Mitglied der Göttinger Vereinigung sondern auch als Kurator der Georgia Augusta beizuwohnen die Ehre habe, in dieser letzteren amtlichen Eigenschaft einige Worte zu sprechen. Veranlaßt hierzu bin ich besonders durch die Ausführungen des Herrn Festredners, welcher des Entgegenkommens der Kgl. Staatsregierung bei Durchführung der Arbeiten der Göttinger Vereinigung in freundlicher Weise gedacht hat, — aber auch abgesehen davon würde ich es mir nicht haben versagen können, als einziger Vertreter der Kgl. Staatsregierung, insbesondere der staatlichen Unterrichtsverwaltung bei dieser festlichen Veranlassung das Wort zu ergreifen.

Zuvörderst möchte ich nicht verfehlen, dem Herrn Vorsitzenden der Göttinger Vereinigung meinen Dank dafür auszusprechen, daß er mich zu dieser Festsitzung gütigst eingeladen und in seiner Ansprache freundlich begrüßt hat.

Amtlich kann ja — das ist Ihnen zweifellos bekannt — von dem zehnjährigen Bestehen eines Vereins in der Regel nicht Notiz genommen werden, aber das bedeutet doch nur, daß in solchen Fällen eine amtliche Festfeier nicht veranstaltet wird und daß feierliche offizielle Ehrungen, wie sie sonst wohl bei anderen Jubiläen üblich sind, nicht zu erfolgen pflegen. Dagegen verstößt es nicht gegen die amtlichen Gepflogenheiten, wenn bei einer internen Festfeier solcher Art in geeigneten Fällen die Staatsbehörde sich glückwünschend beteiligt. Es würde auch geradezu nicht verständlich sein, wenn bei der Erinnerungsfeier, welche eine Gesellschaft wie die Göttinger Vereinigung heute begeht, es an einer staatlichen Teilnahmebezeugung gänzlich fehlen sollte, — laufen doch die Interessen, denen sich diese Gesellschaft widmet und die sie in den 10 Jahren ihres Bestehens in so überaus tatkräftiger Weise gepflegt hat, mit den Interessen, deren Pflege dem Staate und seiner Verwaltung obliegt, in langer Linie zusammen! Die Göttinger Vereinigung fördert, wie wir das aus der Festrede des Herrn Geheimrat Klein gehört haben, alle wissenschaftlichen Bestrebungen auf dem Gebiete der angewandten Physik und Mathematik, und zwar nicht etwa aus eigennützigen, aus Gewinninteressen, sondern lediglich zur Förderung der Wissenschaft selbst, und sie bezweckt ein Zusammenwirken der allein-wissenschaftlich gerichteten Männer mit den Männern der Praxis, den Vertretern industrieller Zweige, zu beiderseitigem Nutzen. —

Zu den überaus vielseitigen Aufgaben des Staates gehört auch die Fürsorge für die Wissenschaft im allgemeinen und jeden Zweig derselben im besonderen. Zu diesem Zweck erhält der Staat eigene Unterrichtsanstalten und fördert alle eine gleiche Richtung verfolgenden Einzelbestrebungen. Aber die so überaus weitverzweigten Aufgaben des Staates und die verschiedenen Rücksichten, welche er zu nehmen hat, ermöglichen es ihm nicht immer, jeden Zweig der Wissenschaften so zu stützen und zu heben, wie es an sich wohl wünschenswert erscheinen mag. Daß der Staat es da auf das dankbarste begrüßen muß, wenn sich eine Vereinigung bildet, welche, wenn auch von anderen Gesichtspunkten ausgehend, ihm die Erfüllung seiner Aufgaben erleichtern hilft, bedarf nicht der weiteren Ausführung.

In welcher mannigfaltigen Art und Weise, mit welcher Zielbewußtheit, mit welchen großen Opfern und auch mit welch reichem Erfolge die Göttinger Vereinigung in den ersten Jahren ihres Bestehens ihre Aufgabe verfolgt hat, — davon gibt die Festschrift, welche im Jahre 1906 im Anschluß an die kurz vorher erfolgte Einweihung der neuen physikalischen Institute hierselbst erschienen ist, eingehenden Aufschluß, und ich habe mich persönlich davon überzeugen können, daß diese Aufgaben später, besonders in dem letztvergangenen Jahre in nicht minder intensiver Weise betrieben worden sind. Das Bild, welches man von der Tätigkeit der Gesellschaft hier gewinnen kann, ist ein hocherfreuliches. — Unsere Universität blüht und gedeiht von Jahr zu Jahr mehr. Sie verdankt ihre günstige Entwicklung verschiedenen Umständen. In den letzten Jahren hat aber auch — davon bin ich überzeugt — die Tätigkeit der Göttinger Vereinigung ihr gut Teil mit dazu beigetragen; denn sie hat dazu geholfen, daß wir auf ihren Arbeitsgebieten in der Reihe der Kulturstaaten mit an erster Stelle marschieren konnten. Deshalb verdient das Wirken der Göttinger Vereinigung die lebhafteste staatliche Anerkennung, welche bei der heute gebotenen Gelegenheit mündlich aussprechen zu dürfen ich mir zur Ehre anrechne.

M. H.! Sie können mit Befriedigung auf die 10 Jahre Ihrer Wirksamkeit zurückblicken. Ich gratuliere Ihnen bestens zu den erreichten Erfolgen und hoffe, daß dieselben Sie zu weiterer Arbeit anspornen werden. Die staatliche Unterrichtsverwaltung legt großen Wert auf Ihre weitere Tätigkeit — und ich selbst als ihr Organ werde selbstverständlich in meinem bescheidenen Wirkungskreise auch jederzeit gern bereit sein, Ihren Bestrebungen entgegenzukommen. Ich rufe deshalb heute der Göttinger Vereinigung ein freudiges

vivat — floreat — crescat

zu!

IX. Antwort von Hrn. v. Böttinger auf die Ansprache des Hrn. Kurators.

Hochverehrter Herr Kurator!

Empfangen Sie den verbindlichsten Dank unserer Vereinigung für die beredte und so wohlwollende Zusicherung Ihres eignen Interesses, wie auch desjenigen der Kgl. Staatsregierung an unseren Arbeiten.

Sie, hochverehrter Herr Kurator, haben heute wieder dem Ausdruck gegeben, was wir schon lange, ja schon seit unserm Bestehen zu empfinden das große Glück und die große Freude hatten, daß die Kgl. Unterrichtsverwaltung unseren Bestrebungen nicht nur wohlwollend gegenübersteht, sondern auch immer bereit war, dieselben tatkräftig zu fördern; und daß sie unsere Vereinigung als einen Faktor anerkannt hat, der Gutes wollte, Gutes erstrebte und Gutes erreichte.

Ohne diese gütige Fürsorge der Kgl. Unterrichtsverwaltung, und hierbei darf ich auch das allzeitige große Wohlwollen des Herrn Finanzministers nicht unerwähnt lassen, wäre es uns unmöglich gewesen, das zu erreichen, was bislang erreicht worden ist.

Wir hätten nie, jedenfalls nicht in so kurzer Zeit, auch mit Aufwendung noch so großer Mittel unsererseits, ein so weitgehendes Ansehen, auch im Auslande, erringen können, wenn uns der preußische Staat nicht zur Seite gestanden und wenn uns derselbe nicht immer zugleich Berater und Helfer gewesen wäre.

Wir werden deshalb allzeit hierfür dankbar bleiben, wir werden aber dabei nicht vergessen, daß uns dadurch auch Pflichten auferlegt sind, die zu erfüllen für uns nicht nur Ehrensache, sondern auch besondere Freude und Genugtuung ist.

Wir bitten Sie, hochverehrter Herr Kurator, persönlich unseren Dank für Ihre Mitwirkung an unserer heutigen Feier und für die uns so ehrenden und erfreuenden Worte, die Sie uns ausgesprochen haben, entgegenzunehmen, gleichzeitig aber auch diesen Dank Seiner Exzellenz dem Herrn Minister zum Ausdruck bringen zu wollen und Seiner Exzellenz dabei die Versicherung zu geben, daß wir immer bestrebt sein werden, nicht nur das Erreichte zu erhalten, sondern weiter bauend weiteres zu schaffen und so Pfadfinder zu werden für unsere Nachkommen, damit diese, das Begonnene fortsetzend, noch Größeres und Ersprießlicheres erreichen können.

Ihre Zusicherung, hochverehrter Herr Kurator, daß die staatliche Universitätsverwaltung auf unsere weitere Tätigkeit großen Wert legt, erfüllt uns mit aufrichtigem Stolz und hoher Freude und wird uns alle ermutigen, daß das „Exzelsior" unser Ziel und unsere Losung bleibt!

X. Ansprache des Stadtsyndikus Hrn. Weber.

M. H.! Nachdem von berufener Seite Zweck und Ziele der „Göttinger Vereinigung" dargelegt sind, nachdem ihrem großzügigen Vorgehen Dank und Anerkennung von den Herren Vertretern der Universität und der königlichen Staatsregierung gezollt sind, bitte ich in Vertretung des zu seinem Bedauern heute von Göttingen abwesenden Oberbürgermeisters der Göttinger Vereinigung an ihrem heutigen Ehrentage zehnjährigen erfolgreichen Wirkens die herzlichen Glückwünsche der Stadt Göttingen darbringen zu dürfen.

Unsere Stadt hat zweifachen Grund, an diesem Tage Dank zu sagen: all das Gute, was die Göttinger Vereinigung in den bisher wenigen Jahren ihres Bestehens für die Georgia Augusta getan hat, hat sie bei der engen, unlöslichen Verknüpfung der Universitäts- und städtischen Interessen der Stadt Göttingen getan. Daneben haben wir noch besondere Veranlassung, unserer freudigen Genugtuung über das Wirken der Vereinigung Ausdruck zu geben: Ihrer tatkräftigen Förderung, vor allem derjenigen des verehrten Herrn Geheimrates Dr. v. Böttinger, ist es zuzuschreiben, daß in Göttingen die Fachschule für Feinmechanik auf guten Grund gebaut ist, eine Schule, die, wie wir zuversichtlich hoffen, weit über Göttingens Grenzen hinaus für ganz Deutschland segensreich zu wirken berufen ist. Der Göttinger Vereinigung und ihrem verehrten Vorsitzenden verdanken wir es in besonderem Maße, daß die mancherlei Schwierigkeiten, die der lebensfähigen Ausgestaltung einer solchen Anstalt entgegenstehen, in überraschend kurzer Zeit glücklich überwunden sind.

Wenn es erlaubt ist, mit dem Danke einen Wunsch zu verbinden, so ist es der: die Göttinger Vereinigung möge sich ihres jüngsten Kindes auch fernerhin mit einem Interesse der Mutterliebe gleich fördernd annehmen, auf daß sie reiche Freude an dem aufblühenden Sprößling erleben möge.

Die Stadt Göttingen mit ihrer Bürgerschaft will nach Kräften ihr großes Interesse an dem Gedeihen der Schule betätigen.

Dem gesamten Wirken der Göttinger Vereinigung wünscht die Stadtverwaltung auch für die Zukunft den besten Erfolg!

XI. Antwort und Schlußansprache von Hrn. v. Böttinger.

Hochgeehrter Herr!

Wir alle bedauern aufrichtigst, daß Ihr hochverehrter Herr Oberbürgermeister infolge seiner anderweitigen beruflichen Aufgaben verhindert ist, an unserer heutigen Feier teilzunehmen.

Wir bitten Sie aber, der Träger unseres Dankes an ihn zu sein, daß er unser doch gedacht hat. Sie, hochverehrter Herr Stadtsyndikus, bitten wir, den gleichen Dank entgegenzunehmen für Ihre so überaus wohlwollende und liebenswürdige Begrüßung namens des Herrn Oberbürgermeisters und der Stadt Göttingen.

Die Georgia Augusta und die Stadt Göttingen sind so eng miteinander verbunden, daß wir uns bewußt sind, mit den Aufgaben der Universität stets zugleich diejenigen der Stadt zu fördern. Wir haben deshalb freudig und gerne mit gearbeitet an der Durchführung der neuen Schule für Feinmechanik und werden uns auch weiterhin der Stadt Göttingen zur Verfügung halten und bestrebt sein, die so schönen Beziehungen unserer Vereinigung zu derselben zu wahren.

Meine Herren! Wir dürfen unsere heutige Feier nicht schließen und dürfen nicht auseinandergehen, ohne des Monarchen zu gedenken, der es immer als seine vornehmste Aufgabe betrachtet hat, das Ansehen, welches die Wissenschaft in Deutschland genießt, zu heben, der sich immer bewußt war, wie sehr dieselbe zur Mehrung des Reiches beigetragen, aber auch, daß die Wissenschaft keine Landesgrenze hat, daß alles, was in Deutschland geleistet, nicht allein dem engeren Vaterlande, sondern auch der Menschheit in ihrer Gesamtheit zugute kommt.

Seine Majestät, unser Kaiser und König ist in nie versiegender Tatkraft hierfür eingetreten als Schirmherr der Arbeit des Friedens. Auch die Wissenschaft kann nur gedeihen, wenn im Lande Frieden herrscht, wenn der Gelehrte ungehindert durch äußere Verhältnisse, durch kriegerische Verwickelungen sich seinen Forschungen unbekümmert hingeben kann, wenn er nicht durch Hader und Zank der Völker von seiner Arbeitsstätte hinweggerufen oder zum mindesten von seiner Arbeit abgelenkt wird. In Zeiten, wo das Vaterland in Gefahr oder in Kriege verwickelt ist, ruht notgedrungen die Forschung; wir haben also alle Ursache und Veranlassung, unserem Kaiser auch an dieser Stätte besonders zu danken, daß er als höchste Aufgabe des Staates und des Königs die Wahrung des Friedens gestellt hat und dadurch auch der Forschung dient und deren Förderung.

Ich bin sicher, meine Herren, daß Sie gerne und freudig mit mir einstimmen in den Wunsch, daß Gott der Herr den Fürsten des Friedens, den Förderer der freien Forschung, den Hüter der Wissenschaften, unseren erhabenen Monarchen uns und unserem Volke noch lange erhalte, und daß Sie mit mir einstimmen werden in den Ruf: Seine Majestät, unser Kaiser und König, er lebe hoch, hoch, hoch!

XII. Über radioaktive Umwandlung.

Von Eduard Riecke.

Für jeden, der die Entwicklung der Physik eine längere Strecke Weges begleitet hat, ist es von eigenem Reize, an die Zeiten zurückzudenken, da er selber auf den Bänken der Auditorien saß, und da ihm mit sehr viel bescheideneren Hilfsmitteln die Tatsachen vor Augen geführt wurden, auf denen der Bau der Wissenschaft beruhte. Noch fühlen wir einen starken Nachklang der Begeisterung, die uns ergriff, wenn von der großen schöpferischen Epoche der Physik am Anfange des vergangenen Jahrhunderts, wenn von Fresnel und Faraday die Rede war. Es war eine Bewunderung voll Andacht, denn uns war, als ob Jahrhunderte vergehen müßten, bis der Physik eine neue Epoche solcher Entdeckungsfülle erblühen würde. In der Zeit, da wir lernten, war es noch das Prinzip von der Erhaltung der Energie, das im Mittelpunkte des Interesses stand. Aber dieses Prinzip, so fundamental seine Bedeutung ist, war doch zumeist ein rückwärts gewandter Prophet, es erhellte und verknüpfte in wunderbarer Weise das Bekannte, es war kein Wegweiser in unbekanntes Land. Dem Prinzip von der Erhaltung der Energie folgte bald die Spectralanalyse; den Entdeckern fielen die goldenen Früchte, die an dem neu gebahnten Pfade wuchsen, eine nach der anderen in den Schoß; aber je weiter wir vordringen, um so schwieriger und dornenvoller wird der Weg. In den Spektrallinien sprechen die Atome eine Sprache, die uns verrät, daß das Atom so wenig wie die organische Zelle etwas Einfaches ist, die uns einen wunderbaren Bau mit den mannigfachsten Gesetzmäßigkeiten ahnen läßt. Aber noch ist das Zauberwort nicht gesprochen, das uns die Siegel jener Sprache löste, noch sehen wir nicht, wann unser Pfad sich wieder lichten, wann sich der Gipfel enthüllen wird, der uns den Blick in ein neues Land der Wunder öffnet. Ein anderer Prophet erstand der Physik in Maxwell, und wir freuen uns, daß ein Deutscher, Hertz, das, was Maxwells prophetischer Blick geschaut hatte, in die greifbare Wirklichkeit übersetzt hat. Die Arbeiten von Hertz waren aber nur das Vorspiel zu den Entdeckungen, die am Ende des vergangenen Jahrhunderts, wie von göttlicher Notwendigkeit getrieben, eine nach der anderen ans Licht traten:

Röntgenstrahlen, Zeemaneffekt, Radioaktivität. Heute wissen wir, daß es uns beschieden war, eine der größten Epochen in der Geschichte der Physik mit zu erleben; in der Tat übertrifft das, was uns das Ende des Jahrhunderts gebracht hat, an Tiefe der Wirkung die Entdeckungen seines Anfangs. Denn die Schlüsse, zu denen uns die neuen Erscheinungen mit Notwendigkeit führen, wandeln das ganze physikalische Bild der Welt. Jahrhundertelang galt in der Physik die Unveränderlichkeit der Masse, in der Chemie die Unveränderlichkeit des Atoms als der feste Pfeiler, auf den der Bau der Wissenschaft gegründet war. Beide Sätze verlieren ihre prinzipielle Bedeutung den neuen Erscheinungen gegenüber. Die Masse beruht darnach auf der elektromagnetischen Erregung, die jedes bewegte Quantum von Elektrizität in dem umgebenden Raume hervorruft; sie hängt ab von der Geschwindigkeit, mit der das Quantum sich bewegt, und ändert sich mit dieser. Chemische Elemente können zerfallen, und bei dem Zerfalle sich in Atome anderer Elemente wandeln. Noch ist die gegenwärtige Entwicklung nicht abgeschlossen; aber einerlei, was sich im Schoße der kommenden Jahre noch bergen mag, so viel können wir sagen, daß Physik und Chemie seit den Tagen von Galilei und Newton, seit Dalton und Berzelius keine so tiefgehende Wandlung ihrer Anschauungen erfahren haben. Es kann nicht die Aufgabe dieser flüchtigen Stunde sein, ein Bild jener Entwicklung voll von dramatischer Spannung zu entrollen; nur für eine kleine, aus dem ganzen herausgegriffene Szene möchte ich um Ihre Aufmerksamkeit bitten.

Wir wollen anknüpfen an die Entdeckung von Röntgen. Er fand, daß die grünen Fluoreszenzflecke, die in Geißlerschen Röhren von den die Glaswand treffenden Kathodenstrahlen erregt werden, Ausgangspunkte einer neuen Strahlenart seien, die wir nach ihm als Röntgenstrahlen bezeichnen. Diese Strahlen zeichnen sich bekanntlich ganz besonders durch ihre photographische Wirkung aus. Nun lag die Vermutung nahe, daß die eigentliche Ursache für das Entstehen der Röntgenstrahlen in der Fluoreszenz zu suchen sei. War die Vermutung richtig, so mußte jeder fluoreszierende Körper Röntgenstrahlen aussenden. Becquerel fand seine Vermutung bestätigt durch Beobachtungen an den durch ihre Fluoreszenz ausgezeichneten Uranverbindungen. Von ihnen ging in der Tat eine photographisch wirksame Strahlung aus. Und doch war der

Schluß, von dem sich Becquerel hatte leiten lassen, falsch; denn die photographische Wirkung trat auch bei Präparaten auf, die monatelang im dunkeln gehalten waren, bei denen von Fluoreszenz keine Rede sein konnte. Was Becquerel gesucht hatte, war nicht vorhanden, was er fand, war aber weit mehr, zunächst eine neue Strahlung, in der Folge eine neue Chemie.

Für den weiteren Fortgang der Forschung war es von außerordentlicher Bedeutung, daß Becquerel eine andere Wirkung der von Uran ausgehenden Strahlung entdeckte, welche sie gleichfalls mit den Röntgenstrahlen teilt, und welche zu ihrem Nachweise und zu ihrer quantitativen Untersuchung um vieles geeigneter ist als die photographische. Es ist dies die Eigenschaft der Strahlen, die Luft leitend zu machen, oder, wie wir sagen, zu ionisieren. Wir laden hier ein Elektroskop; Sie sehen die Divergenz der Blätter; sobald wir ein jene Becquerelstrahlen aussendendes Präparat in die Nähe des Elektroskops bringen, fallen die Blätter rapid zusammen.

Die geschickte Anwendung der damit gegebenen Methode durch Frau Curie brachte den ersten großen Fortschritt auf dem neuen Gebiete der Radioaktivität. Frau Curie fand, daß das Uranpecherz Strahlen aussendet, die etwa achtmal wirksamer sind als die des metallischen Urans. Sie vermutete, daß daran ein anderes in dem Uranpecherz enthaltenes Metall schuld sein könnte von größerer Wirksamkeit als das Uran. Diese Vermutung hat sich glänzend bestätigt. Frau Curie fand das Radium, millionenmal wirksamer als das Uran, aber neben diesem nur in beinahe verschwindender Menge vorhanden. Im Uranpecherz kommen auf eine Tonne metallischen Urans nur 0,38 g Radium. Das wird Ihnen einen Maßstab geben für den Grad von Mut, Ausdauer und Geschicklichkeit, der notwendig war, um das Radium zu isolieren. Mit Hilfe der intensiven, von dem Radium ausgehenden Wirkung kann man zunächst leicht eine naheliegende Vermutung prüfen. Wir sehen überall, daß die photographische Wirkung mit der fluoreszenzerregenden so innig verbunden ist, daß man notwendig zu der Anschauung kommt, daß beide auf Vorgängen von derselben Art beruhen. In der Tat zeigt sich dieser Zusammenhang auch bei den Becquerelstrahlen. Sie erregen einen mit Baryumplatinzyanür oder mit Sidotblende, Zinksulfid, überzogenen Schirm zu lebhafter Fluoreszenz.

Die von Becquerel ausgeführte genauere Untersuchung ergab, daß die Gesamtstrahlung des Radiums aus drei verschiedenen Strahlenarten besteht, welche er als α-, β- und γ-Strahlen bezeichnet hat.

Die Strahlen unterscheiden sich durch ihre sehr verschiedene Fähigkeit, ponderable Körper zu durchdringen, durch ihr verschiedenes Verhalten elektrischen und magnetischen Kräften gegenüber. Aus der Wirkung dieser Kräfte folgt, daß die α-Strahlen aus positiv elektrischen Atomen eines gasförmigen Stoffes bestehen, dessen chemische Natur noch nicht sicher zu bestimmen ist, dessen Atomgewicht gerade in der Mitte zwischen dem des Wasserstoffs und dem des Heliums zu liegen scheint. Diese Atome sind von derselben Art wie die Ionen, mit denen wir bei galvanoplastischen Prozessen, bei der elektrolytischen Zersetzung zu tun haben, ich werde sie deshalb als α-Ionen bezeichnen; sie werden mit ungeheurer Geschwindigkeit, bis zu einem Fünfzehntel der Lichtgeschwindigkeit, von den radioaktiven Stoffen ausgeschleudert. Die α-Strahlen besitzen ein verhältnismäßig geringes Durchdringungsvermögen; ihre ionisierende Wirkung auf die Luft wird schon durch ein Aluminiumblatt von 0,05 mm Dicke, durch einige Lagen Seidenpapier, durch eine Luftschicht von 3,5 cm Dicke aufgehoben. Die β-Strahlen haben sich als identisch mit den Kathodenstrahlen erwiesen. Sie bestehen wie diese aus negativ elektrischen Teilchen von einer Masse, die nur gleich dem zweitausendsten Teil von der Masse des Wasserstoffatomes ist. Wir können sagen, daß die β-Strahlen aus Atomen negativer Elektrizität bestehen, den Elektronen. Die Geschwindigkeit, mit der die Elektronen von den radioaktiven Stoffen ausgeschleudert werden, steigt bis auf 0,9 der Lichtgeschwindigkeit. Die Strahlen besitzen ein viel größeres Durchdringungsvermögen als die α-Strahlen. Sie werden erst durch eine Aluminiumschicht von 5 mm Dicke wenigstens zum größeren Teile absorbiert. Die γ-Strahlen sind nichts anderes als Röntgenstrahlen und werden ebenso wie diese durch den Stoß der Elektronen gegen die Teilchen ponderabler Körper, zunächst gegen die Teilchen der radioaktiven Substanz selber erzeugt. Sie besitzen ein ungeheures Durchdringungsvermögen und könnten erst durch eine Aluminiumplatte von 50 cm Dicke vollkommen abgeschirmt werden.

Wir können uns über diese Verhältnisse leicht orientieren mit Hilfe des Elektroskops, das Sie hier sehen; dasselbe ist so wohl isoliert, daß es einen Tag geladen stehen kann, ohne merklich an Ladung zu verlieren. Jetzt wollen wir unter dasselbe in einer Entfernung von etwa 3 cm ein Radiumpräparat, das nur α-Strahlen aussendet, bringen. Sie sehen, daß das Aluminiumblatt des Elektroskops beinahe momentan zurücksinkt. Wir decken nun ein Blatt Seidenpapier über das Präparat; die zerstreuende Wirkung auf die Ladung des Elektroskops ist um vieles geringer; drei übereinandergelegte Blätter heben die Wirkung auf. Wir entfernen nun das Präparat langsam von dem Elektroskop; dann beobachten wir, daß in einer Entfernung von 3,5 cm von dem Elektroskope die zerstreuende Wirkung plötzlich aufhört.

Wir nehmen nun ein Radiumpräparat, das alle drei Strahlenarten liefert. Die α-Strahlen schirmen wir durch ein dünnes Aluminiumblatt ab. Die Wirkung, die Sie beobachten, rührt nur her von den β- und γ-Strahlen. Wir vergrößern allmählich die Dicke der Aluminiumschicht; die β-Strahlen werden immer mehr absorbiert, die Zerstreuung der Elektrizität nimmt ab. Schließlich, bei einer Dicke der Aluminiumschicht von über 5 mm, bleiben nur noch die γ-Strahlen übrig; sie erzeugen eine Leitfähigkeit der Luft, welche durch Einschaltung von Bleiplatten vermindert und schließlich aufgehoben werden kann. Dazu gehört aber, bei dem außerordentlichen Durchdringungsvermögen der γ-Strahlen, eine Bleischicht von einigen cm Dicke.

Mit Bezug auf die fluoreszenzerregende Wirkung der Strahlen sei noch das Folgende hervorgehoben. Der Baryumplatinzyanürschirm wird von α-, β- und γ-Strahlen erregt; die α-Strahlen zeichnen sich besonders aus durch die Erregung der sogenannten Sidotblende; dabei zeigt die Betrachtung mit einer Lupe, daß die Fluoreszenz der Sidotblende, wie sie durch die α-Strahlen erzeugt wird, in einem intermittierenden Aufblitzen einzelner Punkte, dem sogenannten Szintillieren besteht.

Die Frage nach der Natur der Strahlung war durch die Beobachtungen am Radium entschieden; es blieb übrig die zweite nicht minder wichtige Frage nach der Natur des Prozesses, durch welchen die Strahlung erzeugt wird. Zu dieser Frage, von deren großer Bedeutung schon im Anfang die Rede war, wollen wir uns nun wenden; sie wurde entschieden durch

Rutherford, aber nicht durch Beobachtungen am Radium, sondern durch solche am Thorium, einem Metalle, das freilich nur eine schwache Aktivität besitzt, bei dem die Dinge sich aber etwas einfacher abspielen als bei dem Radium.

Die fundamentale Tatsache, um die es sich handelt, ist folgende. Wir nehmen etwa 10 g Thoriumnitrat; sie besitzen eine mit dem Elektrometer wohl meßbare Aktivität, welche auf das Gramm Thorium berechnet ungefähr von derselben Stärke ist wie die des Urans. Wir lösen nun diese 10 g Thoriumnitrat in Wasser und versetzen die Lösung mit Ammoniak. Es fällt dann ein Niederschlag von Thoriumhydroxyd aus, den wir abfiltrieren wollen. Dampfen wir das Filtrat zur Trockene ein, so bleibt eine Spur eines Trockenrückstandes übrig. Und nun stellt sich das folgende eigentümliche Verhältnis heraus. Das auf dem Filter zurückgebliebene Thoriumhydroxyd besitzt nach der Fällung eine gewisse Aktivität; diese ist aber nur gleich dem vierten Teil der ursprünglichen Aktivität des Thoriumnitrats. Dagegen besitzt die aus dem Filtrate gewonnene Trockensubstanz eine Aktivität, die dreimal so groß ist als die des Thoriumhydroxyds. In dem Filtrate muß also ein Element vorhanden sein, das um vieles stärker radioaktiv ist als das Thorium selber. Rutherford hat dieses Element Thorium-X genannt. Wir wollen nun die Aktivitätsverhältnisse des Thoriumhydroxyds und des Thorium-X weiter in ihrem Verlauf verfolgen. Es wird nützlich sein, sich die Verhältnisse von vornherein durch eine Zeichnung anschaulich zu machen. Auf einer horizontalen Linie (Fig. 1) möge die Zeit, etwa nach Tagen aufge-

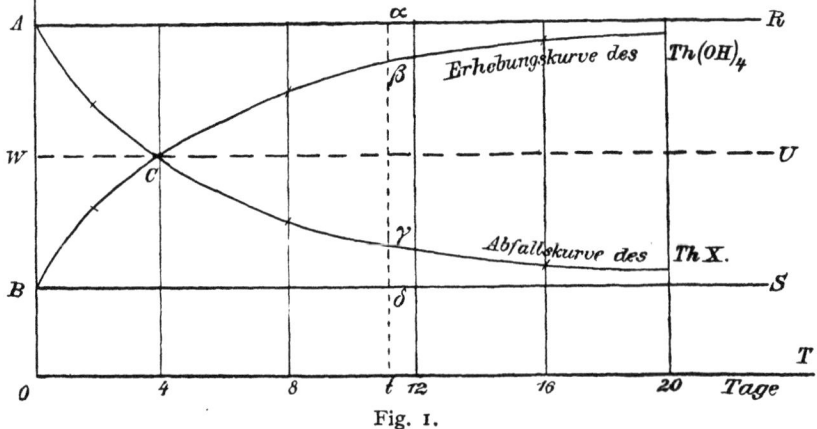

Fig. 1.

tragen werden. Der Punkt O der horizontalen Achse entspreche der Zeit, zu der das ursprünglich vorhandene Thoriumnitrat in Thoriumhydroxyd und in Thorium-X geschieden wurde. Die Aktivität des Thoriumnitrats sei dargestellt durch die Linie OA, die wir senkrecht zu der horizontalen Achse errichten. Dann können wir dem Vorhergehenden zufolge die Aktivität des Thoriumhydroxyds darstellen durch die Linie OB, welche gleich dem vierten Teile von OA ist; die Aktivität des Thorium-X würde dann gerade gleich der Linie BA sein; denn nach dem Vorhergehenden ist die Summe der Aktivitäten von Thoriumnitrat und von Thorium-X gerade gleich der ursprünglichen Aktivität des Thoriumnitrats. Wenn wir nun den Gang der Aktivität mehrere Tage hindurch verfolgen, so bemerken wir eine höchst merkwürdige Änderung der Verhältnisse. Die Aktivität des Thorium-X nimmt fortdauernd ab, so daß sie in etwa vier Tagen nur noch die Hälfte der ursprünglichen beträgt. Schließlich verschwindet die Radioaktivität des Thorium-X vollständig. Ganz anders verhält sich das auf dem Filter zurückgebliebene Thoriumhydroxyd; im Anfang betrug seine Aktivität nur den vierten Teil von der des ursprünglich vorhandenen Thoriumnitrats; sie steigt dann aber, erst schnell, dann langsamer an und schließlich ist die Aktivität genau wieder so groß wie die ursprüngliche des Thoriumnitrats. Die Verhältnisse werden anschaulicher und in ihren Beziehungen klarer in der graphischen Darstellung. Wir ziehen zunächst durch den Punkt B eine Parallele zu der Achse der Zeit; wir können dann diese Linie als Achse der Zeit für die allmähliche Abnahme der Aktivität des Thorium-X benützen; die anfängliche Aktivität ist dargestellt durch die Strecke BA, die Aktivität wird immer kleiner und schließlich gleich Null. Wenn wir also auch für alle folgenden Zeiten die Aktivitäten durch Strecken von entsprechender Länge senkrecht zu der Linie BS darstellen, so erhalten wir eine Kurve, die sich von A aus herabsenkt, um sich schließlich der Linie BS anzuschmiegen. Betrachten wir die Aktivität des Thoriumhydroxyds; sie ist zu Anfang repräsentiert durch die Strecke OB; von dem Punkte B aus steigt die Kurve, welche die Aktivität darstellt, allmählich an. Schließlich wird die Aktivität von Thoriumhydroxyd wieder gleich der ursprünglichen des Thoriumnitrats, d. h. sie wird dargestellt durch eine Strecke von der Länge OA. Ziehen wir also durch A eine Linie AR parallel zu der Achse der Zeit, so wird die Kurve, welche das Wiederansteigen der Aktivität des Thoriumhydroxyds darstellt, sich mit wachsender Zeit immer mehr der Linie AR nähern. Die genauere Betrachtung zeigt nun eine sehr merkwürdige Beziehung zwischen den beiden Kurven, von denen die eine das Verschwinden der Th-X-Aktivität, die andere das Anwachsen der Thoriumhydroxydaktivität darstellt; wir wollen die erste dieser Kurven als Abfallskurve, die zweite als Erholungskurve bezeichnen. Die beiden Kurven sind identisch, sie unterscheiden sich nur durch ihre Lage. Schneiden wir einen Papierstreifen aus, der mit der zwischen BS, AB und der Abfallskurve eingeschlossenen Figur kongruent ist, so brauchen wir den Streifen nur umzuwenden, um ihn auch mit der zwischen AR, BA und der Erholungskurve liegenden Figur zur Deckung zu bringen. Wir können aber den Streifen dadurch aus der einen Lage in die andere bringen, daß wir ihn um eine horizontale Achse WU drehen, die zwischen AR und BS gerade in der Mitte liegt. Wir können das Ergebnis der experimentellen Forschung daher auch so ausdrücken: Die Abfallskurve und die Erholungskurve sind symmetrisch gegen die Mittellinie von AB. Der Punkt C, in dem sich die beiden Kurven kreuzen, muß natürlich auf der Mittellinie liegen. Daraus folgt, daß das Thorium-X in derselben Zeit die Hälfte seiner Aktivität verliert, in der das Thoriumhydroxyd die Hälfte der scheinbar verlorenen Aktivität wiedergewinnt. Nehmen wir ferner irgendeinen Zeitpunkt t, und ziehen wir durch den ihn darstellenden Punkt t der Achse OT eine Senkrechte zu ihr, welche die mit OT parallelen Linien der Reihe nach in den Punkten δ, α, die beiden Kurven in γ und β schneidet, so repräsentiert $t\beta$ die wiedergewonnene Aktivität des Thoriumhydroxyds, $\delta\gamma$ die noch vorhandene Aktivität des Thorium-X; nun ist aber $\delta\gamma$ gleich $\alpha\beta$; man sieht, daß die Summe der in irgendeinem Momente vorhandenen Aktivitäten von Thoriumhydroxyd und von Thorium-X immer gerade so groß ist, wie die Aktivität des als Ausgangspunkt dienenden Thoriumnitrats.

Wir kommen nun zu der Frage nach den Vorstellungen, die man sich gebildet hat, um diese merkwürdigen Gesetzmäßigkeiten zu erklären. Wir beginnen mit der Betrachtung der Abfallskurve des Thorium-X. Um den Abfall der Aktivität zu erklären, hat man angenommen, daß das Thorium-X ein in labilem Zustande befindliches Element sei, das einer fortschreitenden Zersetzung seiner Atome unterworfen ist. Als eine Folge dieser Zersetzung müssen wir die α-Strahlen betrachten, deren Aussendung die Aktivität des Thorium-X bedingt. Wir werden dementsprechend annehmen, daß einer der Bestandteile, in welche die Atome des Thorium-X zerfallen, durch die α-Ionen gegeben sei. Über die anderen Produkte des Atomzerfalles werden wir später berichten.

Es handelt sich nun um das Gesetz, durch das der Atomzerfall in seinem zeitlichen Verlaufe geregelt wird. Da liegt die auch bei gewöhnlichen chemischen Umwandlungen unter Umständen zutreffende Annahme nahe, daß von einer gegebenen Zahl von Atomen in derselben Zeit, etwa in einer Sekunde, stets derselbe Bruchteil zerfalle. Wenn also in einer Sekunde von 100 Millionen Atomen 100 zerfallen, so zerfallen von 10 Millionen 10, von 1 Million 1. Das Verhältnis zwischen der Zahl der zu irgendeiner Zeit vorhandenen Atome zu der Zahl der in einer Sekunde zerfallenden ist also eine für ein gegebenes radioaktives Element unveränderliche, charakteristische Konstante. Man hat diese Zahl als mittlere Lebensdauer der Atome des betreffenden Elementes bezeichnet. Wir wollen sogleich den Grund für diese Bezeichnung besprechen. Zunächst ist es offenbar möglich, auf Grund der Annahme, daß die Zahl der in einer Sekunde zerfallenden Thorium-X-Atome zu der Zahl der vorhandenen in einem konstanten Verhältnisse steht, die Abfallskurve des Thorium-X zu konstruieren. Man findet eine sogenannte Exponentialkurve, die mit der empirisch gefundenen Kurve vollkommen zur Deckung gebracht werden kann. Wir wollen uns die Bedeutung der Kurve in einer etwas anderen Weise deutlich zu machen suchen. Auf der Achse der Zeit tragen wir die aufeinanderfolgenden Tage ab (Fig. 2); durch die Teil-

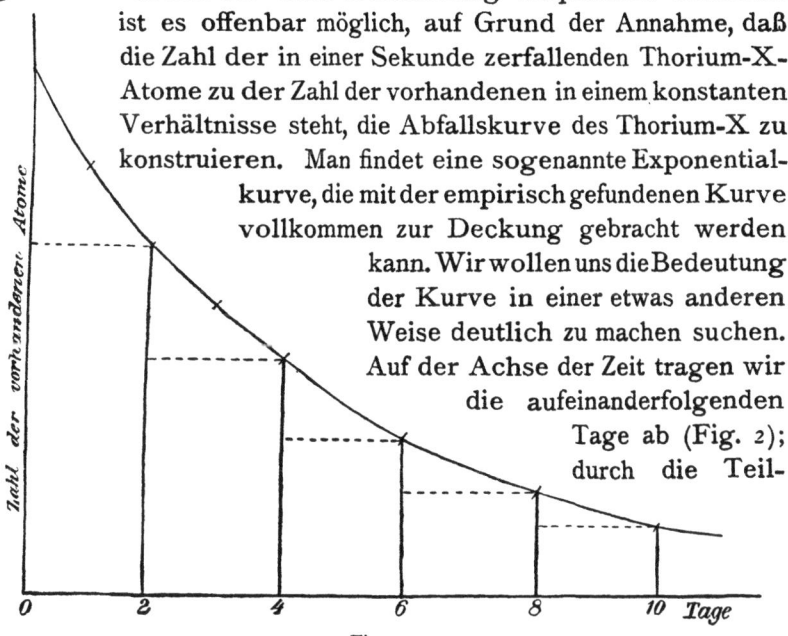

Fig. 2.

punkte ziehen wir Senkrechte zu der Achse der Zeit bis zu der Abfallskurve. Aus der Zeichnung können wir dann entnehmen, wieviel Atome Thorium-X zu Anfang vorhanden waren, wieviele nach 2, wieviele nach 4, 6 Tagen noch existieren. Wir können also auch ausrechnen, wieviel Atome in den ersten 2 Tagen zerfallen, wieviele zwischen dem zweiten und vierten Tag, wieviele zwischen dem vierten und sechsten usw. Die ersten haben im Mittel etwa einen Tag existiert, die zweiten drei Tage, der dritten Gruppe fünf Tage usw. Es handelt sich offenbar um etwas ganz Analoges wie bei der statistischen Betrachtung der Einwohner, die in einem bestimmten Zeitpunkte im Innern einer Stadt leben. Eine Gruppe davon wird nach zwei Jahren gestorben sein, die ihr angehörenden haben im Mittel noch eine Lebensdauer von einem Jahre vor sich; eine zweite Gruppe wird zwischen dem zweiten und dem vierten Jahre sterben, sie hat im Mittel noch drei Jahre zu leben, eine dritte Gruppe lebt im Mittel noch fünf Jahre usf. Kennt man die Zahl der Einwohner, die zu jeder Gruppe gehören, so kann man auch ausrechnen, welches die mittlere Lebensdauer für alle jene Menschen zusammengenommen ist, die in dem betrachteten Zeitpunkt in der Stadt gelebt hatten; man kann in diesem Sinne von einer mittleren Lebensdauer des Menschen überhaupt reden; dabei kommt dann die Zahl von 33 Jahren als einem Menschenalter heraus. Ganz ebenso kann man bei den Atomen des Thorium-X aus den gemachten Angaben eine mittlere Existenz- oder Lebensdauer berechnen. Es ergibt sich dann, daß diese mittlere Lebensdauer der Atome in der Tat gleich ist dem Verhältnisse zwischen der Zahl der zu irgendeiner Zeit vorhandenen Atome zu der Zahl der in einer Sekunde zerfallenden. Damit ist also der für jenes Verhältnis gewählte Name gerechtfertigt, es ist aber zugleich die Richtigkeit der Zerfallstheorie für die radioaktiven Erscheinungen des Thorium-X bestätigt. Denn aus den verschiedensten Beobachtungen ergibt sich für die mittlere Lebensdauer der Atome des Thorium-X übereinstimmend eine Zeit von 5 Tagen und 6 Stunden.

Wir gehen nun über zu der Betrachtung der Erholungskurve des Thoriumhydroxyds.

Wir nehmen an, daß das in dem Hydroxyd enthaltene metallische Thorium eine konstante und unveränderliche Aktivität besitze, deren Größe in unserer Zeichnung durch die Linie OB dargestellt ist. Es fragt sich, wie eine solche unveränderliche

Aktivität mit der Theorie eines fortdauernden Zerfalles verträglich ist. Offenbar wird die Aktivität scheinbar konstant sein, wenn die mittlere Atomdauer des radioaktiven Elementes sehr groß ist, im Falle des Thoriums beläuft sie sich auf etwa 1000 Jahre; innerhalb eines Zeitraums von wenigen Tagen kann dann die Menge der vorhandenen, und daher auch die Menge der in einer Sekunde zerfallenden Atome als konstant betrachtet werden. Wir werden somit bei unseren Versuchen mit einer Aktivität des Thoriums zu tun haben, welche unbeeinflußt durch die verschiedenen chemischen Operationen stets denselben durch die Strecke OB, oder vielmehr durch die Parallele BS repräsentierten Wert behält. Aber von dem Momente an, in dem wir das Thorium durch die Ausfällung des Hydroxyds isoliert haben, beginnt auch seine Zersetzung. Jedes Atom Thorium, das zerfällt, erzeugt unter gleichzeitiger Emission eines α-Ions ein Atom Thorium-X; es wird also eine Menge von Thorium-X gebildet, die der Menge des vorhandenen Thoriums proportional ist. Die Menge des Thorium-X kann aber nicht über eine bestimmte Grenze wachsen; denn dem Prozesse der Bildung steht gegenüber der Prozeß des Zerfalls; solange wenig Thorium-X da ist, zerfällt auch wenig, aber je größer die Zahl der vorhandenen Thorium-X-Atome wird, um so größer wird auch die Zahl der zerfallenden, um so stärker wird zugleich die durch den Zerfall des Thorium-X entwickelte radioaktive Wirkung. Die Menge des Thorium-X, welche schließlich in dem Thoriumhydroxyd enthalten ist, wird dadurch bestimmt, daß in jedem Augenblicke ebensoviel Atome Thorium-X durch Zerfall verschwinden, als aus dem Thoriumhydroxyd neu entstehen. Aus der Art, wie wir die mittlere Lebensdauer der Atome zuerst definiert haben, folgt, daß die Zahl von Atomen eines radioaktiven Elementes, die in einer Sekunde zerfallen, gleich der Zahl der vorhandenen Atome dividiert durch ihre mittlere Lebensdauer ist; wenn also die Menge des in dem Thorium gebildeten Thorium-X unverändert bleiben soll, so müssen sich die Mengen der Atome von Thorium und von Thorium-X verhalten wie die mittleren Atomdauern von Th und von Th-X, d. h. wie 365000 zu 5,27. Die Menge des Th-X ist also eine verschwindend kleine, und doch ist die von ihr ausgeübte radioaktive Wirkung stärker als die des Thoriums. Die Kleinheit der Substanzmenge wird ausgeglichen durch den viel rascher eintretenden Zerfall. Dazu kommt, daß bei dem Zerfall eines Atomes von Th-X eine größere Zahl von α-Ionen in Freiheit gesetzt wird als bei dem Zerfalle eines Atomes Th. Wir sehen aber auch, daß die anfängliche Aktivität des Thoriumnitrats nach der von uns zugrunde gelegten Annahme notwendig gleich der Aktivität sein muß, welche das Thoriumhydroxyd schließlich wieder gewinnt. Vor allem müssen wir dabei festhalten, daß es ganz gleichgültig ist, in welcher chemischen Verbindung das Thorium sich befindet; das wirksame Element ist immer allein das Thorium, alles andere ist gleichgültig. Dem Thorium kommt eine gewisse Aktivität zu, welche infolge der langen mittleren Atomdauer als ganz unveränderlich erscheint. In dem Thoriumnitrat so gut wie in dem Hydroxyd bildet das Thorium bei seinem Zerfalle Thorium-X. Der Gleichgewichtszustand wird in beiden Verbindungen dadurch bedingt, daß in jedem Augenblicke ebensoviel Th-X-Atome entstehen als verschwinden. Die Menge des vorhandenen Thoriums ist während der Versuchsdauer als ganz unverändert zu betrachten, gleiches gilt von dem daraus gebildeten Thorium-X. Wir haben also in der Tat schließlich in dem Thoriumhydroxyd wieder ebensoviel Th und ebensoviel Th-X wie zu Anfang in dem Thoriumnitrat; die radioaktive Wirkung muß am Schluß des Versuches wieder dieselbe sein wie am Anfang. Die Theorie des radioaktiven Zerfalles führt also auch in diesem Punkte zu vollkommener Übereinstimmung mit der Erfahrung. Das gleiche gilt von allen anderen Eigentümlichkeiten der Erscheinung, insbesondere von der von uns hervorgehobenen Symmetrie der Zerfalls- und der Erholungskurve. Die Zerfallstheorie findet durch die Beobachtungen über das Verhalten von Thorium und von Thorium-X eine so vollständige Bestätigung, daß man sie ohne Bedenken auch auf die übrigen radioaktiven Stoffe und Erscheinungen wird anwenden dürfen.

Unsere nächste Aufgabe wird nun in der genaueren Untersuchung der bei dem Zerfalle des Thorium-X entstehenden Stoffe bestehen. Aus der Art der radioaktiven Wirkung von Thorium-X folgt nur, daß bei seinem Zerfalle α-Ionen ausgeschleudert werden; von den anderen Produkten des Zerfalls wissen wir vorerst nichts. Es zeigt sich nun, daß die weitere Geschichte des Thorium-X eine ziemlich komplizierte, aber an interessanten Tatsachen reiche ist.

Das erste, was wir zu zeigen in der Lage sind, ist, daß bei dem Zerfalle des Thorium-X außer den α-Ionen ein schweres radioaktives Gas entwickelt wird, die sogenannte Thoriumemanation. Wir benutzen zum Nachweise der Emanation ein Elektroskop, das mit einer langen Glasröhre verbunden ist, an deren Anfang in einer kleinen Erweiterung das Thoriumpräparat, Thoriumhydroxyd, sich befindet. Wenn das Elektroskop wohl isoliert, so wird zunächst keine Abnahme seiner Ladung zu beobachten sein. Sobald wir aber einen langsamen Luftstrom durch die Röhre treiben, beobachten wir ein sehr merkliches Zusammensinken der Blätter von dem Augenblicke an, wo die vorher über dem Thoriumhydroxyd befindliche Luft zu dem Elektroskope gelangt. Die Erklärung für diese Tatsache liegt darin, daß aus dem Thorium-X, das in dem Thorium stets enthalten ist, das radioaktive Emanationsgas sich entwickelt, der Luft sich beimengt und mit dieser zu dem Elektroskop gelangt. Die gasförmige Natur der Emanation erhellt weiter daraus, daß sie sich in Luft ebenso durch Diffusion verbreitet wie etwa Kohlensäure, endlich daraus, daß sie in flüssiger Luft bei einer Temperatur von -120 Graden kondensiert wird. Die Kondensation kann mit dem Elektroskop leicht nachgewiesen werden, wenn man an die Glasröhre, die das $Th(OH)_4$ enthält, ein U-förmig gebogenes Stück ansetzt. Sobald man dieses in flüssige Luft taucht, hört die Zerstreuung der Elektroskopladung auf. Die Emanation ist, wie aus ihrer ionisierenden Wirkung folgt, wieder radioaktiv. Aus den Absorptionsverhältnissen der Strahlen ergibt sich, daß bei dem Zerfall der Emanation nur α-Strahlen emittiert werden. Der Zerfall der Thoriumemanation erfolgt sehr schnell; die mittlere Lebensdauer ihrer Atome beträgt nur 78 Sekunden.

Die Atome der Emanation bestehen aus einem α-Ion und aus einem Reste, nach dem wir jetzt suchen wollen. Über die Natur dieses Restes gibt eine merkwürdige Beobachtung Aufschluß, die schon bald nach der Entdeckung der Radioaktivität gemacht worden ist. Körper, die in der Nähe eines radioaktiven Stoffes, z. B. des Thoriums, sich befinden, werden selber radioaktiv, insbesondere dann, wenn sie negativ geladen worden waren. Man muß diese Aktivität einem festen Niederschlage zuschreiben, der sich auf dem exponierten Körper, etwa einem negativ geladenen Metallbleche, gebildet hat. Denn wenn man das Blech mit einem Lederlappen abreibt, so überträgt sich die Radioaktivität auf diesen. Wenn man das Blech mit einer Säure behandelt, so verliert es seine Aktivität, der aktive Niederschlag löst sich in der Säure und kann aus der Lösung durch Eindampfen oder auf elektrolytischem Wege wiedergewonnen werden. Man bezeichnet den Niederschlag, der sich auf einem negativ geladenen Bleche bildet, als Induktion. Die Induktion ist wieder radioaktiv, und zwar ist es allein diese Radioaktivität, die uns von der Existenz der Induktion Nachricht gibt. Es handelt sich um so kleine Mengen von Substanz, daß von einer unmittelbaren Wahrnehmung, von einer Wägung nicht die Rede sein kann. Selbst der spektralanalytische Nachweis versagt. Das einzige Reagens, durch das wir so kleine Substanzmengen nachzuweisen vermögen, besteht eben in der Beobachtung der Leitfähigkeit, die in der Luft durch die bei dem Zerfalle der Substanzen emittierten Strahlen erzeugt wird. Das Studium der radioaktiven Wirkungen bildet auch den einzigen Weg, auf dem wir die Eigenschaften der Induktion genauer erforschen können. Die in dieser Weise ausgeführte Untersuchung führt zu einem neuen merkwürdigen Resultat. Es zeigt sich, daß die Aktivität der Induktion sich ganz verschieden verhält, je nach der Dauer der Exposition. Wenn wir das Blech nur einige Minuten exponieren, so ist es unmittelbar nach der Exposition kaum merklich aktiv. Seine Aktivität wächst dann, erreicht nach etwa vier Stunden ein Maximum, nimmt dann wieder ab und verschwindet schließlich. Wenn man dagegen einen Tag lang exponiert, so nimmt die Aktivität von Anfang an regelmäßig ab, etwa wie früher die des Thorium-X, nur viel schneller. Man kann aus der Abfallskurve auf eine mittlere Lebensdauer der Atome der zerfallenden Substanz von 15 Stunden schließen. Diese eigentümlichen Verhältnisse erklären sich durch die folgende Annahme: Aus der gasförmigen Emanation entsteht zuerst ein fester Körper, das Thorium-A, der zwar auch instabil und dem Zerfalle unterworfen ist, der aber bei seinem Zerfalle keine ionisierenden Strahlen aussendet, der strahlenlos ist. Die mittlere Lebensdauer seiner Atome beträgt etwas über 15 Stunden. Erst bei dem Zerfalle des Thorium-A bildet sich wieder eine aktive Substanz, das Thorium-B. Seine Atome haben eine mittlere Lebensdauer von 1,3 Stunden; bei seinem Zerfalle werden α- und β-Strahlen ausgesandt. Die Atome von Thorium-A bestehen somit aus einem Atom Thorium-B, einem α-Ion und einem Elektron. Der Vollständigkeit halber sei erwähnt, daß auch das Thorium-B kein einheitlicher Stoff ist, sondern noch ein drittes Zerfallsprodukt, das Thorium-C enthält. Dieses ist so unbeständig, daß seine Atome eine mittlere Lebensdauer von nur wenigen Sekunden haben. Was aus dem Thorium-C, das bei seinem Zerfalle α-Ionen und Elektronen ausschleudert, wird, entzieht sich unserer Kenntnis; denn die Reihe der radioaktiven Produkte ist mit dem Thorium-C abgeschlossen; die inaktiven Stoffe, die aus dem Thorium-C entstehen, verschwinden völlig für unsere Beobachtung, denn es fehlt eben das einzige Reagenz, das wir zum Nachweise so winziger Substanzmengen besitzen.

Wir haben im vorhergehenden die ganze Reihe der Zerfallsprodukte des Thoriums bis zu dem unbekannten Endprodukte hin verfolgt. Wir haben damit ein typisches Beispiel radioaktiven Zerfalls kennen gelernt, dem die Erscheinungen bei anderen Stoffen durchaus analog sind. Insbesondere wiederholt sich bei allen das Auftreten von Emanationen und Induktionen. Die mittleren Lebensdauern der radioaktiven Atome weisen die größten Verschiedenheiten auf, aber der Charakter der Abfalls- und Erholungskurven bleibt derselbe. Wir begnügen uns also damit, die uns bekannten radioaktiven Elemente aufzuführen. Die Zahl der selbständigen Elemente beschränkt sich wahrscheinlich auf drei, Uranium, Thorium und Aktinium. Das Radium ist ohne Zweifel ein Umwandlungsprodukt des Uraniums; zwar sind nicht alle zwischen Uranium und Radium liegenden Zerfallsstufen bekannt, aber für den Zusammenhang zwischen dem Radium und dem Uranium spricht schon der Umstand, daß das Verhältnis zwischen Urangehalt und Radiumgehalt in allen Uranerzen dasselbe ist. Das muß in der Tat so sein, wenn das Radium aus dem Uranium entsteht und der Gleichgewichtszustand erreicht ist, bei dem in jeder Sekunde ebensoviel Radium aus dem Uranium entsteht, wie durch den eigenen Zerfall wieder verschwindet. Das Polonium, das von Frau Curie mit dem Wismut aus den Rückständen des Uranpecherzes abgeschieden wurde, hielt man zuerst für ein selbständiges Metall; es hat sich herausgestellt, daß es das letzte radioaktive Umwandlungsprodukt des Radiums ist. Aktinium wird aus dem Uranpecherz mit den Elementen der Eisengruppe abgeschieden.

Es zeichnet sich aus durch eine Emanation, deren Atome eine Lebensdauer von nur wenigen Sekunden haben, und welche dementsprechend sehr starke radioaktive Wirkungen ausübt, insbesondere lebhafte Szintillation der Sidotblende erzeugt.

Wir haben uns durch die vorhergehenden Betrachtungen eine gewisse Übersicht über die radioaktiven Erscheinungen verschafft, wir haben uns überzeugt, daß die Zerfallstheorie von allen Erscheinungen eine vollkommen befriedigende Rechenschaft zu geben vermag. Wir wollen nun zurückkehren zum Anfange und fragen, ob den Erscheinungen wirklich die fundamentale Bedeutung zukommt, die wir ihnen zugeschrieben haben. Wir wollen uns einmal auf den Standpunkt des Skeptikers stellen, der behauptet, daß es sich dabei nicht um etwas prinzipiell Neues handle. Es sei doch nichts weiter bewiesen, als daß gewisse Körper, die man bis dahin für chemische Elemente gehalten habe, dies eben nicht seien, sondern zusammengesetzt aus einfacheren Teilen. Daß die radioaktiven Stoffe bei ihrem Zerfalle Wärme entwickeln, sei auch nichts Besonderes. Kenne doch auch die Chemie Verbindungen, die sich aus den Komponenten unter Wärmeabsorption bilden, bei deren Zerfall Wärme frei wird. Wenn ferner bei dem Zerfalle radioaktiver Stoffe elektrisch geladene Teilchen frei würden, so sei damit allerdings eine neue Tatsache gegeben; aber auch sie reihe sich an Bekanntes an. Auch bei den Erscheinungen der Elektrolyse haben wir mit Atomen ponderabler Stoffe zu tun, die sich mit elektrischen Teilchen verbunden haben; auch hier finde eine Wiederabgabe dieser Teilchen statt, wenn die elektrisch geladenen Atome mit den Elektroden zur Berührung kommen, die wir in die Flüssigkeit tauchen, um den elektrischen Strom in die Flüssigkeit ein- und daraus abzuführen. Es liege also etwas prinzipiell Neues nicht vor, wenn die Atome radioaktiver Stoffe elektrische Teilchen abgeben. Man wird dem entgegenhalten, daß die ungeheure Geschwindigkeit, mit der die α-Ionen ausgeschleudert werden, denn doch auf etwas Neues hinweise, das mit der Entdeckung der Radioaktivität in den Kreis der Erscheinungen getreten sei. Der Skeptiker wird antworten, es handle sich eben um eine Explosion, wie wir sie bei zahlreichen chemischen Reaktionen beobachten. Gerade diese Auffassung aber können wir widerlegen. Explosionen kommen zustande, wenn eine chemische Reaktion mit Wärmeentwicklung einerseits, mit einer starken Volumvergrößerung andererseits verbunden ist, wie z. B. die Verbindung von Sauerstoff mit Wasserstoff. Insoweit besteht Übereinstimmung mit dem radioaktiven Zerfall; er geht unter Wärmeentwicklung vor sich, die Entbindung der Emanation und der α-Ionen ist notwendig mit einer Vergrößerung des Volumens verbunden. Aber es gibt noch eine dritte Bedingung, die erfüllt sein muß, wenn eine Explosion zustande kommen soll. Die betreffende Reaktion darf sich bei gewöhnlicher Temperatur nicht oder doch nur in verschwindendem Maße vollziehen; erst bei einer bestimmten höheren Temperatur muß die Schnelligkeit, mit der die Reaktion vor sich geht, plötzlich zu einem hohen Betrage ansteigen. Man braucht sich nur an das Verhalten der gewöhnlichen Explosivstoffe zu erinnern, um die Richtigkeit dieser Bemerkung zu verstehen. Wenn das Pulver des Geschützes nur an einer kleinen Stelle zur Entzündungstemperatur erhitzt wird, so pflanzt sich infolge der bei der Reaktion entwickelten Wärme die Entzündungstemperatur schnell auf die benachbarten Stellen fort, und in kürzester Zeit ist die ganze Masse entflammt. Kehren wir nun zurück zu dem radioaktiven Zerfall, so bemerken wir, daß die dritte Bedingung der Explosion bei ihm in keiner Weise erfüllt ist. Der radioaktive Zerfall ist von der Temperatur unabhängig; er vollzieht sich bei einer Temperatur von — 150 Graden ebenso wie bei einer von 1000 Graden. Diese Tatsache ist es, durch welche eine tiefe Kluft zwischen chemischer Reaktion und zwischen radioaktivem Zerfall geschaffen wird.

Bestätigt wird dieses Resultat durch die Betrachtung der Energiemengen, die bei radioaktiven Prozessen entwickelt werden. Man hat gefunden, daß bei dem Zerfalle von 1 g Radium in einer Sekunde 0,04 g-Kal. erzeugt werden, das ist soviel, als wir brauchen, um 40 mg Wasser um 1 Grad Celsius zu erwärmen. Wollten wir diese Wärmemenge in mechanische Arbeit verwandeln, so würde sie uns nur den fünfzigtausendsten Teil einer Pferdestärke leisten können. Das erweckt zunächst keine besondere Vorstellung von der Leistungsfähigkeit des Radiums; aber wir müssen bedenken, daß in einer Sekunde auch nur ein verschwindend kleiner Bruchteil des Radiums zerfällt, von einem Gramm nur der sechzigmillionste Teil eines Milligramms. Zu ganz anderen Zahlen kommen wir daher, wenn wir die Wärmemenge berechnen, die bei dem Zerfalle von einem ganzen Gramme Radium frei wird. Sie beträgt 20000 Millionen Grammkalorien; eine solche Wärmemenge würde genügen, um 200 Tonnen Wasser vom Nullpunkt bis zum Siedepunkt zu erhitzen. Könnten wir sie vollständig in Arbeit verwandeln, so würde sie genügen, um eine Last von 9 Millionen Tonnen, das Gewicht von 400 großen Dampfern, um einen Meter zu heben. Das sind Zahlen, deren Ungeheuerlichkeit noch deutlicher wird, wenn wir zum Vergleiche gewöhnliche chemische Prozesse heranziehen. Wenn wir 1 g Wasserstoff verbrennen, so werden 34000 g-Kal. entwickelt; damit können wir nur den dreitausendsten Teil einer Tonne von 0 auf 100 Grad erhitzen, wir können damit nur 14 Tonnen um 1 Meter heben. Noch ungünstiger liegen die Verhältnisse bei der Kohle, denn die Wärme, die wir durch Verbrennen von 1 g Kohle gewinnen, ist viermal kleiner als bei demselben Gewichte Wasserstoff.

Wir sehen aus diesen Beispielen, daß es sich bei radioaktiven Umwandlungen um Energiemengen von ganz anderer Größenordnung handelt als bei chemischen Prozessen. Damit ist ein zweites Moment gefunden, das zugunsten der Theorie des Atomzerfalles spricht.

Dazu kommt als Drittes, daß die radioaktiven Elemente und ihre Zerfallsprodukte sich in jeder Beziehung wie wahre chemische Elemente verhalten. Daß Uran und Thor chemische Elemente sind, hat wohl noch niemand bezweifelt; aber auch das Radium erweist sich durch den Bau seines Spektrums als ein solches. Gleiches gilt von der Emanation, die ein den Spektren anderer gasförmiger Elemente analoges Spektrum besitzt.

Gestützt auf diese Tatsachen werden wir die Meinung, daß mit der Radioaktivität nichts prinzipiell Neues in den Kreis unserer Erfahrungen getreten sei, als eine irrige zurückweisen und die Theorie des Atomzerfalls als die einzige betrachten, die den jetzt bekannten Tatsachen zu genügen vermag. Wir müssen annehmen, daß gewisse Elemente existieren, deren Atome, aus einfacheren Bestandteilen aufgebaut, in labilem Zustande sich befinden. Zwischen den Bausteinen der Atome müssen gewaltige innere Spannungen existieren, die unter Bedingungen, die sich vorläufig unserer Kenntnis entziehen, zu einer Zertrümmerung des Atomes führen. Suchen wir nach einem mechanischen Analogon für diese Annahme, so können wir dasselbe in den sogenannten Glastränen finden, schnell abgekühlten Glastropfen, deren Inneres infolge der raschen Erstarrung der Oberfläche in einen Spannungszustand versetzt ist. Solange die Oberfläche unverletzt ist, sind diese Glastränen vollkommen stabil, brechen wir aber den Schwanz der Träne ab, so zerfällt sie explosionsartig zu Staub. Von der gewaltigen Spannung, die im Inneren radioaktiver Atome herrschen muß, geben die ungeheuren Geschwindigkeiten Zeugnis, mit denen die α-Ionen ausgeschleudert werden und die damit zusammenhängende große Wärmeentwicklung des radioaktiven Zerfalls.

Wenn wir uns nun auf Grund der vorhergehenden Betrachtungen endgültig auf den Boden der Zerfallstheorie stellen, so bietet sich uns Veranlassung zu einer letzten Bemerkung. Als wesentlicher Bestandteil radioaktiver Atome erscheinen Elektronen und α-Ionen. Die Atome sind also aus dem, was wir positive und negative Elektrizität nennen, in ganz verschiedener Weise aufgebaut. Negative Elektrizität haben wir in der Form der Elektronen, deren Maße etwa zweitausendmal kleiner ist als die der leichtesten Atome ponderabler Körper, der des Wasserstoffs. Positive Elektrizität tritt nur auf in den α-Ionen. Es kann nicht zweifelhaft sein, daß diese Atome eines Gases sind mit positiver elektrischer Ladung; unbekannt ist zunächst nur die Natur dieses Gases. Aufschluß darüber kann die Bestimmung des Atomgewichtes geben; mit Bezug hierauf gibt es aber zwei Möglichkeiten, die beide mit den Tatsachen der Beobachtung in Übereinstimmung zu bringen sind: das Atomgewicht der α-Ionen kann entweder gleich zwei oder gleich vier sein. Im ersten Falle hat man es mit einem neuen, zwischen Wasserstoff und Helium stehenden Gase zu tun, im letzteren sind die α-Ionen nichts anderes als Heliumatome. Für die letztere Möglichkeit spricht vor allem die Tatsache, daß das Helium wirklich ein Zerfallsprodukt des Radiums ist. Ferner kann man zugunsten dieser Annahme noch die folgende Überlegung anführen. Wenn die α-Ionen identisch sind mit Heliumatomen, so wird das Atomgewicht eines radioaktiven Elementes immer um das Atomgewicht des Heliums kleiner, so oft ein α-Ion emittiert wird. Dann aber ergibt sich für das Atomgewicht des aus Polonium entstehenden inaktiven Stoffes das Atomgewicht des Bleis. In letzter Instanz würde also das Uran sich in Blei verwandeln. Dafür spricht der Umstand, daß alle Uranerze auch bleihaltig sind.

Mit dem Vorhergehenden haben wir wenigstens eine gewisse Wahrscheinlichkeit dafür gewonnen, was schließlich aus dem Radium wird. Es bleibt noch die Frage nach seiner Herkunft. Das Radium ist ein Zerfallsprodukt des Uraniums und bildet sich noch immer aus dem Vorrat von Uranium, der sich in unbekannter Zeit in der Erde angehäuft hat. Bei der ungeheuren Lebensdauer, welche die Atome des Uraniums besitzen, wird der Vorrat von Uranium in absehbarer Zeit nicht erschöpft werden. Es ist überdies nicht ausgemacht, daß dies je der Fall sein wird. Wir haben zwar bisher immer angenommen, daß die radioaktiven Prozesse ohne Wahl immer in demselben Sinne sich vollziehen. Die Erfahrungen, über die wir verfügen, genügen aber nicht, um die Frage zu entscheiden, ob es sich nicht, wenn wir den Zerfallsprozeß ganz ungestört sich vollziehen lassen, um die Erreichung eines Gleichgewichtszustandes handelt, bei dem einer bestimmten Menge noch vorhandenen Uraniums eine bestimmte Menge des strahlenlosen Endprodukts, also vielleicht des Bleis, gegenübersteht.

Wie dem aber auch sei, als ein sicheres Resultat unserer Untersuchung dürfen wir es betrachten, daß das chemische Element nicht aus unveränderlichen, unteilbaren Atomen zusammengesetzt ist, daß vielmehr die Atome als komplizierte Gebilde zu betrachten sind, die eben weil sie zusammengesetzt, auch wandelbar sind. Damit ist der alte alchymistische Traum erfüllt, allerdings in einem Sinne, der uns nur ideale Güter der Erkenntnis, nicht materiellen Gewinn verheißt. Wäre das Gold ein radioaktives Element, so würde es von selber nur in Silber, dieses in Kupfer sich verwandeln. Von selber würde also nur eine Entwertung der Elemente eintreten. Wollten wir aber umgekehrt Kupfer in Silber, dieses in Gold verwandeln, so müßten wir dazu eine solche Menge von Arbeit aufwenden, daß das edlere Metall dadurch gleichfalls entwertet wäre. Wir müssen uns also mit dem ideellen Gewinne begnügen; dieser aber ist Lohn genug für die aufgewandte Arbeit; vor uns liegt ein neues Land, wir haben erst seinen Saum betreten, und wissen nicht, welche Schätze noch in seinem Schoße verborgen liegen.

Mitgliederliste der Göttinger Vereinigung.

a) Ehrenmitglieder:

Althoff, Wirklicher Geheimer Rat, Exzellenz, Dr., 𝔇r. ing., M. d. H., Kronsyndikus, Berlin-Steglitz, Breitestraße 7.
Höpfner, Kgl. Kurator a. D., Wirkl. Geh. Oberregierungsrat, Dr., Göttingen, Waldstraße 6.

b) Vertreter der Industrie:

Ackermann-Teubner, Alfr., Hofrat, Dr., Leipzig, Poststraße 3.
Baare, Fr., Geheimer Kommerzienrat, Bochum (Bochumer Verein).
von Böttinger, Geh. Regierungsrat, Dr., M. d. A., Elberfeld.
Budde, Professor, Dr., Berlin, Askanischer Platz 3 (Siemens & Halske).
Ehrensberger, Direktor, Dr., 𝔇r. ing., Essen a. R. (Fried. Krupp, A. G.).
von Guilleaume, Max, Kommerzienrat, Köln a. Rh.
von Guilleaume, Th., Kommerzienrat, Köln a. Rh.
Hartmann, Eugen, Professor, Frankfurt a. M. (Hartmann & Braun, A. G.).
Heckmann, Baurat, Berlin W. 62, Maaßenstraße 29.
Lepsius, Professor, Dr., Griesheim a. M. (Chem. Fabrik Griesheim-Electron).
Levin, Frau Kommerzienrat Marie, Göttingen, Waldstraße 3.
Levin, Hermann, Göttingen, Waldstraße 3.
von Linde, Professor, Dr., 𝔇r. ing., München, Prinz Ludwighöhe.
Loewe, J., Geh. Kommerzienrat, Berlin W. 9, Bellevuestraße 11a.
von Maffei, Hugo, erblicher Reichsrat, München.
Nernst, Geh. Regierungsrat, Professor, Dr., Berlin W. 35, Karlsbad 26a.
von Oechelhaeuser, Generaldirektor, 𝔇r. ing., Dessau.
Peters, Geh. Baurat, 𝔇r. ing., Direktor des Vereins Deutscher Ingenieure, Berlin, NW., Charlottenstr. 43. (Verein Deutscher Ingenieure).
Petri, O., Geheimer Kommerzienrat, Nürnberg.
Rathenau, Emil, Geh. Baurat, 𝔇r. ing., Generaldirektor Berlin. (Allg. Elektr.-Ges.).
von Rieppel, Baurat, Dr., 𝔇r. ing., Nürnberg, Äußere Cramer-Klettstraße 12.

Schilling, Professor, Dr., Bremen, Seefahrtschule (Norddeutscher Lloyd).
von Schubert, Generalleutnant z. D., Exzellenz, Berlin W. 10, Tiergartenstr. 4 (Dillinger Hütte).
Simon, Th., Kirn a. d. Nahe (Carl Simon Söhne).
Wacker, Alexander, Kommerzienrat, Schachen bei Lindau i/Bodensee.
Wiegand, Generaldirektor, Dr., Bremen (Norddeutscher Lloyd).

c) Vertreter der Universität:

Osterrath, Geh. Oberregierungsrat, Dr., Kgl. Kurator, Göttingen, Planckstraße 21.
Ambronn, Professor, Dr., Göttingen, Geismarchaussee 11.
Fleischmann, Geh. Regierungsrat, Professor, Dr., Göttingen, Nikolausbergerweg 9.
Hilbert, Geh. Regierungsrat, Professor, Dr., Göttingen, Wilhelm Weberstraße 29.
Klein, Geh. Regierungsrat, Professor, Dr., Dr. ing., M. d. H., Göttingen, Wilhelm Weberstraße 2.
Lexis, Geh. Oberregierungsrat, Professor, Dr., Göttingen, Bühlstraße 4.
Minkowski, Professor, Dr., Göttingen, Planckstraße 15.
Prandtl, Professor, Dr., Göttingen, Kirchweg 1a.
Riecke, Geh. Regierungsrat, Professor, Dr., Göttingen, Bühlstraße 22.
Runge, C., Professor, Dr., Göttingen, Goldgraben 20.
Schwarzschild, Professor, Dr., Göttingen, Geismarchaussee 11.
von Seelhorst, Professor, Dr., Göttingen, Planckstraße 8.
Simon, Professor, Dr., Göttingen, Nikolausbergerweg 20.
Tammann, Professor, Dr., Göttingen, Bürgerstraße 50.
Voigt, Geh. Regierungsrat, Professor, Dr., Göttingen, Grüner Weg 1.
Wagner, Geh. Regierungsrat, Professor, Dr., Göttingen, Grüner Weg 8.
Wallach, Geh. Regierungsrat, Professor, Dr., Göttingen, Hospitalstraße 10.
Wiechert, Professor, Dr., Göttingen, Hainberg, Institut für Geophysik.
Zsigmondy, Professor, Dr., Göttingen, Prinz Albrechtstraße 4.

MIX
Papier aus verantwortungsvollen Quellen
Paper from responsible sources
FSC® C105338

If you have any concerns about our products,
you can contact us on
ProductSafety@springernature.com

In case Publisher is established outside the EU,
the EU authorized representative is:
**Springer Nature Customer Service Center GmbH
Europaplatz 3, 69115 Heidelberg, Germany**

Printed by Libri Plureos GmbH
in Hamburg, Germany